大学信息技术应用基础

主　编　龚祥国

第三版

浙江科学技术出版社

图书在版编目（CIP）数据

大学信息技术应用基础 / 龚祥国主编. —3 版.—
杭州:浙江科学技术出版社, 2021. 2（2023.8重印）
ISBN 978-7-5341-9463-4

Ⅰ①大… Ⅱ.①龚… Ⅲ.①电子计算机—高等
职业教育—教材 Ⅳ.① TP3

中国版本图书馆CIP数据核字（2021）第024389号

书　　名	大学信息技术应用基础(第三版)	
主　　编	龚祥国	
出版发行	**浙江科学技术出版社**	
	杭州市体育场路 347 号　邮政编码：310006	
	办公室电话：0571-85176593	
	销售部电话：0571-85176040	
排　　版	浙江新华图文制作有限公司	
印　　刷	浙江新华数码印务有限公司	
经　　销	全国各地新华书店	
开　　本	787mm×1092mm　1/16	印　张　16
字　　数	369 000	
版　　次	2009 年 8 月第 1 版	2014 年 8 月第 2 版
	2021 年 2 月第 3 版	印　次　2023 年 8 月第 20 次印刷
书　　号	ISBN 978-7-5341-9463-4	定　价　38.00元

责任编辑　张祝娟		**责任校对**　张　宁	
责任美编　金　晖		**责任印务**　叶文炀	

再版前言

在以中国式现代化全面推进中华民族伟大复兴的新征程上，新一代信息技术发展迅速并广泛渗透到各行业。提升全民信息素养显得尤为重要。本教材基于具身认知理论，着重体现具身化实践教学的情境性、体验性及涉身性等内涵，以满足学习者的参与性、实践性和成果导向性学习需求为目标，以适切的教学内容，创建具身的情景性，选择以日常生活、学习以及工作场景为主线的实际应用案例作为实训项目，将学习置于真实情境之中，实现课程学习与现实生活工作的有机统一。

教材编写团队长期从事计算机基础教学改革与研究探索，将教学实践与工作任务、能力需求、综合素质培养相互渗透，突出学习者综合应用能力和团队协作能力的提升，以真正达到学以致用的目的。

本书是一本具有生命力的图书。本教材2009年第一版开始出版，2014年第二版修订，2022年第三版修订，经过不断的更新迭代和修订完善，已重印17印次，在全国各个省市高校，尤其在浙江省高校中，得到了普遍欢迎并长期被采用。本书配套的实践教程第二版荣获首届全国优秀教材（职业教育与继续教育类）二等奖。

本书由龚祥国教授担任主编，由齐幼菊和陈小冬担任副主编。本书第1章由龚祥国编写，第2章由陈小冬、蒋融融编写，第3章由蒋融融、陈小冬编写，第4章、第5章由齐幼菊编写，第6章由虞江锋、龚祥国编写，第7章由郑炜编写。全书由龚祥国完成统稿工作。

十多年来，特别感谢关注本教材并给予宝贵意见和建议的所有师生，我们将紧跟信息技术和时代发展步伐，持续开展教学改革与实践研究，积极适应学习者多样化的学习需求，体现知识与现实情境的联系，引导学习者进行有意义的学习，推进教育数字化，建设全民终身学习的学习型社会、学习型大国。

编　者
2021年2月于西子湖畔

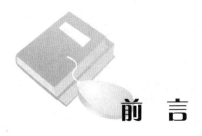

前　言

　　本书是大学生学习信息技术的基础教材,主要介绍信息技术和计算机基础知识,讲解目前流行的计算机操作系统 Windows 10 和办公自动化软件 Microsoft Office 2016 主要组件的操作方法,以及 Internet 的基础知识和使用技能。为强调实践操作,突出应用技能的训练,编写组专门为本教材配备了项目实训教材——《大学信息技术应用基础实践教程》。本教材适合高职高专院校、开放大学(广播电视大学)、各类成人高校非计算机专业的"信息技术基础和计算机应用基础"课程使用,也可作为计算机应用基础的培训教材和自学用书。

　　全书共 7 章。第 1 章介绍信息与信息技术,信息的采集、加工与检索,信息安全,信息产业等基本知识。第 2 章主要介绍计算机的工作原理,系统的组成,计算机的主要技术指标和计算机信息存储等基础知识。第 3 章主要介绍 Windows 10 的基本操作,文件及文件管理,定制个性化工作环境,Windows 10 基本管理及常用附件等的基础知识和基本操作技能。第 4 章主要介绍 Word 2016 文档的基本操作,视图模式,编辑操作,表格和图表,样式和模板及打印输出等的基础知识和基本操作技能。第 5 章主要介绍 Excel 2016 工作簿,工作表及单元格的基本操作,编辑、计算表格数据,排序、筛选和分类汇总表格数据以及图表分析表格数据等的基本知识和基本操作技能。第 6 章主要介绍 PowerPoint 2016 演示文稿和幻灯片的基本操作,幻灯片的制作和效果处理,演示文稿的放映以及打包与输出等的基本知识和基本操作技能。第 7 章主要介绍计算机网络、Internet 的基础知识,常用接入方式和网上浏览,电子邮件 E-mail,网络礼仪以及网络安全基础等基本知识。

　　本书由龚祥国教授担任主编,由齐幼菊和陈小冬担任副主编。本书第 1 章由龚祥国编写,第 2 章由陈小冬、蒋融融编写,第 3 章由蒋融融、陈小冬编写,第 4 章、第 5 章由齐幼菊编写,第 6 章由虞江锋、龚祥国编写,第 7 章由郑炜编写。全书由龚祥国完成统稿工作。

　　本书在编写过程中,参考了许多相关资料和书籍,在此恕不一一列举,编者对这些参考文献的作者表示真诚的感谢。

　　由于策划、组织、编写时间紧,加之我们的能力和水平有限,书中难免存在疏漏和不妥之处,恳请广大读者和同行专家给予批评和指正。

编　者

2020 年 10 月于杭州西子湖畔

目　录

第1章 绪 论

本章要点

★ 信息与信息技术

★ 信息处理的核心技术

★ 信息的采集、加工与检索

★ 信息安全

★ 信息产业

1.1 信息与信息技术概述

全面建设社会主义现代化强国,要加快建设网络强国,数字中国,不断提升个人信息素养,掌握新一代信息技术。

信息向人们提供关于现实世界的新知识,作为生产、管理、经营、分析和决策的依据。人类通过信息认识各种事物,借助信息的交流沟通人与人之间的关系,互相协作,从而推动社会前进。

在当今社会,个人对于信息的处理、管理和应用能力越来越成为一种最基本的生存能力,被社会作为衡量一个人素质高低的重要标准之一,更是当代大学生必备素质之一。

1.1.1 信息与信息科学

1. 信息

信息(information)是用数字、文字、符号、语言等介质来表示事件、事物、现象等的内容、数量或特征,是人类的一切生存活动和自然存在所传达出来的信号和消息,泛指我们所说的消息、情报、数据、信号等客观事物有意义的表现形式。我们生活在充满着信息的世界,如我们每天看到的报纸、电视节目、互联网上的消息都是信息。

2. 信息与数据

信息是人们表示一定意义的符号的集合，它是观念性的，与荷载信息的物理设备无关。数据（data）是信息存在的一种形式，只有通过解释或处理才能成为有用的信息。数据可用不同的形式表示，而信息不会因为数据的不同形式而改变。例如，第31届奥运会中国健儿夺取的奖牌数是一个信息，对这个信息的描述，无论是用文字，还是用声音、图表等都不会有所改变。

3. 信息的特征

信息具有客观性、抽象性、可传输性和共享性等特征。

（1）信息的客观性。信息是人类的一切生存活动和自然存在所传达出来的信号和消息，它可以被人感知、处理、存储、传递以及利用。信息的结构及其与周围事物之间的相互影响是客观存在的。

（2）信息的抽象性。信息本身是看不见摸不着的，人们能够看见的只是信息的载体（包括文字、图像、声音、纸张等）而非信息的内容。

（3）信息的可传输性。信息在空间和时间上都具有可传输性，这是信息与物质和能量的主要区别。信息在空间上的传输称为通信，如将杭州的某信息通过电子邮件等方式传输到北京。信息在时间上的传输称为信息存储，如精彩的奥运赛事可以用文字、数字、声音、图像等形式存储下来，延迟供观众欣赏。

（4）信息的共享性。信息能够共享是信息不同于物质和能量的最重要特征。由于信息可以共享，当信息从传递者转移到接收者时，传递者不会因此丢失信息。

4. 信息科学

信息科学是以信息为主要研究对象，以信息的运动规律和应用方法为主要研究内容，以计算机等技术为主要研究工具，以扩展人类的信息功能为主要目标的一门新兴的综合性学科。以信息为研究对象是信息科学区别于一切传统科学的最基本特征。

信息过程普遍存在于生物、社会、工业、农业、国防、科学实验、日常生活和人类思维等各种领域，信息科学对工程技术、社会经济和人类生活等方面有着巨大的影响。

1.1.2　信息技术的分类

所谓信息技术（information technology，IT），是指用于管理和处理信息所采用的各种技术的总称。随着微电子技术、计算机技术和通信技术的发展，围绕着信息的产生、收集、存储、处理、检索和传递，形成了一个全新的、用以开发和利用信息资源的高技术群，包括微电子技术、新型元器件技术、通信技术、计算机技术、各类软件及系统集成技术、光盘技术、传感技术、机器人技术、高清晰度电视技术等，其中以微电子技术、计算机技术、通信技术为主导。半个多世纪以来，信息技术飞速发展并得到了广泛的应用，推动着经济发展和社会进步，对人类的工作和生活产生了巨大的影响。就信息技术而言，由于人们研究和使用的出发点不同，因而所使用的分类标准也明显各异，以致出现了多种分类方案。

（1）按信息工作的基本环节划分。按照专业信息工作的基本环节可将信息技术划分为信息获取技术、信息传递技术、信息存储技术、信息检索技术、信息加工技术、信息标准化技术。

① 信息获取技术是指把人们的感觉器官不能准确感知或不能感知的信息转化为人能感知信息的技术,如显微镜、望远镜、气象卫星、行星探测器、温度计、湿度计、气压计等。

② 信息传递技术是用于实现信息快速、可靠、安全地转移,各种通信技术都属于这个范畴。

③ 信息存储技术是指跨越时间保存信息的技术,主要包括数据压缩技术、缩微存储技术等。

④ 信息检索技术是指准确、快速地从信息库中找出所需信息的技术,或称技巧、策略、方法。它主要包括手工检索技术、机械检索技术和电子计算机检索技术三大类。

⑤ 信息加工技术是指对信息进行分类、排序、转换、浓缩、扩充等的技术。传统的信息加工主要是通过人脑和手工来进行的,电子计算机的发明与使用逐渐改变了这种状况,现在它已成为信息加工的重要工具。

⑥ 信息标准化技术是指使信息获取、传递、存储、检索、加工等环节有效衔接的技术,如文献标准、汉字编码、检索语言等。

(2)按信息系统功能划分。可将信息技术划分为信息输入输出技术、信息描述技术、信息存储检索技术、信息处理技术、信息传播技术。

1.2 信息处理的核心技术

1.2.1 微电子技术

微电子技术(microelectronics technology)一般指以集成电路技术为代表,制造和使用微小型电子元件、器件和电路,实现电子系统功能的新型技术,它也特指大规模集成电路的制造和运用技术。微电子技术与传统电子技术相比,其主要特征是器件和电路的微小型化。它把电路系统的设计和制造工艺紧密结合,适于进行大规模的批量生产,因而成本低和可靠性高。

可以说,微电子技术是信息社会的基石,实现信息化网络及其关键部件,不管是各种计算机还是通信电子装备,它们的基础都是集成电路。微电子产品如同细胞组成人体一样,成为现代工农业、国防装备和家庭耐用消费品的细胞,改变着社会的生产方式和人们的生活方式。

1.2.2 计算机技术

计算机技术(computer technology)是信息社会中的核心技术,包括进行计算机硬件系统设计、制造和软件开发并使其应用于各领域。

作为一门新兴的技术,计算机技术在短短几十年内已获得空前发展,其应用已渗透到社会生产、生活的各个方面,在一定程度上决定着许多学科的新发展,并在很大程度上影响和改变着各国综合国力的对比,是人们竞相发展的重要技术领域。

1.2.3　传感技术

传感技术(sensor technology)是关于从自然信源获取信息(如气体感知、光线感知、温度感知、人体感知等),并对其进行处理、变换和识别的一门多学科交叉的现代科学与工程技术,它将模拟信号转化为数字信号,给中央处理器处理,最终形成相关的数据和参数显示。传感技术涉及传感器、信息处理和识别的规范设计、开发、制/建造、测试、应用及评价改进等。

因此,传感技术对于国家经济、科技和工业都具有重要的战略意义。

1.2.4　通信技术

通信技术(communication technology)主要包含传输接入、网络交换、移动通信、无线通信、光通信、卫星通信、专网通信等技术。

通信技术发展迅猛,从传统的电话、电报、收音机、电视到如今的卫星通信、光纤通信、移动通信、互联网络通信,使数据和信息的传递效率得到很大的提高。例如,光纤通信由于其超高速、低误码、高可靠、低价格,已成为信息的最重要传输手段和信息社会的重要基础设施,在无线通信领域,具有高速度、低延迟的5G技术正成为研究和应用热点,为万物互联做好了技术准备。

传感技术、计算机技术和通信技术一起被称为信息技术的三大支柱,它们被众多的产业广泛采用,是现代科学技术发展的基础条件,可以提高企业的生产效率和产品质量、降低产品成本,在物联网的发展中不可或缺,也是衡量一个国家信息化和信息化程度的重要标志。

1.3　信息的采集、加工与检索

1.3.1　信息的采集

信息采集(information collection)是根据特定的目的和要求将分散蕴含在不同时空域的有关信息采掘和积聚起来的过程。信息采集是信息得以利用的第一步,信息采集工作的好坏,直接关系到整个信息管理工作的质量。

为了保证信息采集的质量,应坚持以下原则:

(1)准确性原则。该原则是信息采集工作最基本的要求,即要求所收集到的信息要真实、可靠。

(2)全面性原则。该原则要求所采集到的信息要广泛、全面和完整。

(3)时效性原则。信息的时效性决定了信息的价值。信息只有及时、迅速地提供给它的使用者才能有效地发挥作用。

1.3.2　信息的加工

所谓信息加工(information processing),指将收集到的信息(称为原始信息)按照一定的程序和方法进行分类、分析、整理、编制等,使其具有可用性。信息加工的目的在于发掘信息的价值,方便用户的使用,加工是信息得以利用的关键。信息加工既是一种工作过程,又是一种创造性思维活动。

由于信息量不同,信息处理人员的能力各异,因此信息加工没有固定的模式。概括起来,信息加工可以有以下一些形式:

(1)分类。分类是指对凌乱无序的信息进行整理归并,使其有条不紊、各得其所。分类可以按时间、空间(地理)、事件、问题、目的和要求等标准来进行。

(2)比较。比较是指对信息进行分析,从而鉴别和判断出信息的价值、时效性,达到去粗取精、提高信息质量的目的。

(3)综合。综合是指按一定的要求和程序对各种零散的数据资料进行综合性的处理,从而使原始信息升华、增值,成为更加有用的信息。

(4)研究。研究是指信息加工人员对信息进行分析和概括,从而形成有科学价值的新概念、新结论,为决策提供依据。

(5)编制。编制是指对加工过的信息整理成易于理解、易于阅读的新材料,并对这些材料进行编目和索引,以便信息利用者方便地提取和利用。

1.3.3　计算机信息加工

电子计算机运算速度快,存储容量大,利用电子计算机可以加工大批量的数据。利用计算机加工信息的工作过程大致可分为选择计算机、资料编码、选择计算机软件或自编程序、数据录入、数据加工、信息输出和信息存储七个步骤。

(1)选择计算机。根据资料的数量、加工精度等要求,选择适当的计算机,如微型机、小型机、大型机和巨型机,是利用计算机进行信息加工的关键一步。

(2)资料编码。为了使原始数据能方便地输入计算机,必须按照一定的规则对其进行编码。编码就是按照一定的规则把各种数据转化为机器易接受、易处理的形式。编码时要注意不重不漏,并且每一编码所代表的内容在实际分析时都应具有独立的意义。

(3)选择计算机软件或自编程序。随着计算机的不断发展,一些为方便用户处理大批量数据的软件应运而生,用户可在使用时根据不同的目的加以选择。对于一些有特殊要求的数据处理,需要编制专用程序。

(4)数据录入。将要加工的数据录入计算机是一项工作量很大的工作。数据录入本身并不复杂,但是容易出错,因此必须对录入的数据进行检查。只有确保录入的数据准确无误,才能保证加工结果正确可信。

(5)数据加工。数据录入以后,即可调用已选定的软件或自编软件,对这些数据进行加工处理。

(6)信息输出。数据加工完毕后,计算机即可按软件规定的格式将加工结果显示在屏幕上或输送至打印机。至此整个信息加工的过程基本结束。

(7)信息存储。加工以后的信息如果不是立即使用,则可以存入硬盘或其他存储介质。

1.3.4　信息检索

信息检索(information retrieval)是指将信息按一定的方式组织和存储起来,并根据信息用户的需要找出有关信息的过程,所以它的全称又叫信息的存储与检索(information storage and retrieval),这是广义的信息检索。狭义的信息检索则仅指该过程的后半部分,即从信息集合中找出所需要信息的过程,相当于人们通常所说的信息查询(information search)。

信息检索经历了从手工检索、计算机检索到网络化、智能化检索等多个发展阶段。其中,计算机信息检索是指以计算机技术为手段,通过光盘和联机等现代检索方式进行信息检索的方法。

适应网络化、智能化以及个性化的需要是目前信息检索技术发展的新趋势。信息检索的对象从相对封闭、稳定一致、由独立数据库集中管理的信息内容扩展到开放、动态、更新快、分布广泛、管理松散的Web内容;信息检索的用户也由原来的情报专业人员扩展到包括商务人员、管理人员、教师、学生等普通大众,他们对信息检索结果、信息检索方式提出了更高、更多样化的要求。

1.4　信息安全

1.4.1　信息安全技术

习近平总书记在全国网络安全和信息化工作会议上的讲话:"没有网络安全就没有国家安全,就没有经济社会稳定运行,广大人民群众利益也难以得到保障。"

信息安全和信息产业具有同等重要的地位。信息安全是指信息网络的硬件、软件及其系统中的数据受到保护,不因偶然的或者恶意的原因而遭到破坏、更改、泄露,系统连续可靠正常地运行,信息服务不中断。信息安全是一门涉及计算机科学、网络技术、通信技术、密码技术、应用数学、数论、信息论等多种学科的综合性学科。

所谓信息安全技术,简单来说就是维护信息安全的技术,主要包括信息保密技术、数字签名技术、身份识别技术等。常见的信息安全产品有防火墙、入侵检测系统、安全路由器、虚拟专用网、安全服务器、电子签证机构、用户认证产品、安全管理中心、安全数据库、安全操作系统等。

1.4.2 计算机信息系统安全

计算机信息系统安全是指计算机信息系统及其所存储的信息和数据、相关的环境与场所、安全保密产品受到保护,防止泄密、窃密和破坏,确保以电磁信号为主要形式、在计算机网络信息系统进行自动通信、处理和利用的信息内容,在各个物理位置、逻辑区域、存储和传输介质中,处于动态和静态过程中的秘密性、完整性、可用性、可审计性和抗抵赖性。

我国国家公共安全行业标准规定了计算机信息系统安全分为实体安全、运行安全和信息安全三个方面。

(1)实体安全。实体安全是指保护计算机设备、设施(含网络)以及其他媒体免遭地震、水灾、有害气体和其他环境事故破坏的措施、过程。

(2)运行安全。运行安全是为保障系统功能的安全实现,提供一套安全措施来保护信息处理过程的安全。

(3)信息安全。信息安全是防止信息财产被故意地或偶然地非授权泄露、更改、破坏或信息被非法系统辨识、控制,即确保信息的保密性、完整性、可用性和可控性。

1.5 信息产业

1.5.1 信息产业的发展和分类

信息产业一般指以信息为资源,信息技术为基础,进行信息资源的研究、开发和应用,以及对信息进行收集、生产、处理、传递、存储和经营活动,为经济发展与社会进步提供有效的综合性的生产和经营活动的行业。

在发达国家,一般都把信息当作社会生产力发展和国民经济发展的重要资源,把信息产业作为所在产业核心的新兴产业群,称为第四产业。

我国对信息产业分类没有统一的模式,一般可认为包括七个方面:①微电子产品的生产与销售;②电子计算机、终端设备及其配套的各种软件、硬件的开发、研究和销售;③各种信息材料产业;④信息服务业,包括信息数据、检索、查询、商务咨询;⑤通信业,包括电脑、卫星通信、电报、电话、邮政等;⑥与各种制造业有关的信息技术;⑦大众传播媒介的娱乐节目及图书情报等。

1.5.2 我国信息产业的现状

近年来,我国信息产业得到快速发展,取得举世瞩目的成就。电子信息产业经历几代人的努力,从无到有、从小到大,发展速度快,产业规模不断扩大,目前电子信息产业已成为我国工业的一大支柱产业。

但我国信息产业发展面临许多新的挑战。当前,信息技术日新月异,产品更新换代速度不断加快,我国信息技术科技水平还不高。另外,我国信息产业发展无论是电子信息产业还是通信业,在速度与效益、规模与结构、东部与西部、城市与农村等方面都不同程度地存在着不够协调的矛盾。

新一代信息技术产业是国民经济的战略性、基础性和先导性产业,近十年来,我国新一代信息技术产业规模效益稳步增长,创新能力持续增强,企业实力不断提升,行业应用持续深入,为经济社会发展提供了重要保障。党的二十大报告指出,推动战略性新兴产业融合集群发展,构建新一代信息技术、人工智能、生物技术、新能源、新材料、高端装备、绿色环保等一批新的增长引擎。凸显了国家对信息技术和信息产业发展的重视和投入,我国信息技术和信息产业也会持续有力地发展。

本 章 小 结

本章主要介绍了信息与信息技术的基本概念、信息处理的核心技术、信息采集、信息加工、信息检索、信息安全及信息产业的发展与分类等内容。通过本章的学习,可使读者对信息技术有概括性的认识,为后续章节的学习打下基础。

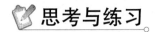

思考与练习

一、思考题

1. 什么是信息?

2. 简述信息与数据的关系。

3. 简述计算机信息加工的过程。

4. 什么是信息安全?

二、填空题

1. 信息采集直接关系到整个信息管理工作的质量,为保证信息采集的质量,应坚持_____、_____和_____原则。

2. 我国国家公共安全行业标准规定了计算机信息系统安全分为实体安全、运行安全和_____三个方面。

3. 信息具有_____、_____、_____和_____等特征。

三、判断题(对的打"√",错的打"×")

1. 数据是信息存在的一种形式,数据可用不同的形式表示,而信息不会因为数据的不同形式而改变。   (   )

2. 信息不具有共享性,当信息从传递者转移到接收者时,传递者会因此丢失信息。(   )

3. 信息安全是防止信息财产被故意地或偶然地非授权泄露、更改、破坏或信息被非法系统辨识、控制,即确保信息的保密性、完整性、可用性和可控性。   (   )

第2章　计算机组成

本章要点

★ 计算机的分类与应用
★ 计算机的工作原理
★ 计算机系统的组成
★ 计算机中的信息存储

2.1　计算机的发展与分类

　　1946年第一台电子计算机的成功研制揭开了计算机时代的序幕,70余年来计算机经历了飞速的发展。本节向读者简要介绍计算机的发展历史、发展趋势及其应用领域。

2.1.1　计算机的发展

1. 计算机的起源和发展

　　尽管电子计算机诞生仅70余年,它却是人类数百年努力的积累。早在17世纪,一批欧洲数学家就已开始研制计算机。1642年,法国科学家帕斯卡(B. Pascal)发明了著名的帕斯卡机械计算机,虽然仅能做加减法运算,但首次确立了计算机器的概念。1674年,德国数学家莱布尼茨(Leibniz)改进了帕斯卡计算机,使之可做乘除运算,成为一种能够进行连续运算的计算机,并且提出了"二进制"数的概念。

　　但这些机械计算机的性能过于落后,远远满足不了人们的需要。1834年,巴贝奇(C. Babbage)提出了分析机的概念,机器共分为三个部分:堆栈、运算器、控制器。巴贝奇的助手,英国著名诗人拜伦的独生女阿达(Ada)为分析机编制了人类历史上第一批计算机程序。遗憾的是,由于当时工业水平所限,巴贝奇的设计根本无法实现,但阿达和巴贝奇为计算机的发展立下了不朽的功勋,他们对计算机的预见起码超前了一个世纪,为后来计算机的出现奠定了坚实的基础。

1847年,英国数学家布尔(Boole)发表著作《逻辑的数学分析》,他所创立的布尔代数奠定了计算机进行逻辑运算的基础。1936年,艾伦·图灵(Alan Turing)在伦敦权威的数学杂志上发表了一篇划时代的重要论文《可计算数字及其在判断性问题中的应用》,文章里图灵构造出一台完全属于想象中的"计算机",数学家们把它称为"图灵机(Turing Machine)"。著名的"图灵机"的概念奠定了计算机的理论和模型基础,在数学与计算机科学中的巨大影响力至今毫无衰减,图灵也因此被称为计算机科学奠基人。为纪念图灵,美国计算机学会(ACM)于1966年创立了"图灵奖",这是计算机科学领域的最高奖项,有"计算机界诺贝尔奖"之称。

人类在电磁学、电工学、电子学领域不断取得重大进展,为电子计算机的出现奠定了坚实的基础。

2. 电子计算机的诞生与发展

世界上公认的第一台计算机是由美国宾夕法尼亚大学于1946年2月研制成功的电子数字积分计算机埃尼阿克(electronic numerical integrator and calculator,ENIAC)。ENIAC耗资数十万美元,用了17468个电子管和86000个其他电子元件,占地面积170余平方米,运算速度为每秒300次两个10位数乘法、5000次加法运算。

必须指出的是,ENIAC不具备现代计算机的主要特征,它没有存储功能,并没有采用二进制,程序采用外部插入式,每进行新计算都需要重新连接线路。

针对ENIAC的缺陷,冯·诺依曼(Von Neumann)提出了存储程序通用计算机的设计——离散变量自动电子计算机(EDVAC),它的结构与现代计算机的结构一致,实现了内部存储和自动执行两大功能。EDVAC于1951年才真正实现并得以运行,世界上第一台真正具备存储功能的电子延迟存储自动计算机的埃德沙克(electronic delay storage automatic calculator,EDSAC),于1949年5月由英国剑桥大学的威尔克斯(Wilkes)根据冯·诺依曼的程序存储工作原理研制成功并投入运行。

1951年3月,通用自动计算机(universal automatic computer,UNIVAC)交付使用,它是第一台被用在商业上的计算机,开创了计算机用于商业信息处理的远景,为计算机工业化奠定了基础。从那时起到今天,电子计算机的发展可谓一日千里。

人们通常根据计算机主要功能部件所采用的电子器件将计算机的发展划分为四个阶段。

(1)第一代计算机(1946年—20世纪50年代末期)。所采用的主要电子器件为电子管,因此也称这一代计算机为电子管计算机。电子管计算机的特征是体积大、耗电多、造价昂贵、存储容量小、运算速度慢。第一代计算机使用机器语言或汇编语言进行程序设计,出现了高级语言的雏形。电子管计算机主要用于科学研究和军事应用。

(2)第二代计算机(20世纪50年代后期—20世纪60年代中后期)。所采用的主要电子器件为晶体管,因此也称这一代计算机为晶体管计算机。相对于电子管计算机,晶体管计算机的体积较小、耗电降低,运算速度可达每秒十万次甚至百万次。在这一阶段,计算机的软件配置开始出现,一些高级程序设计语言相继问世。除科学计算与军事应用外,晶体管计算机在数据处理、工程设计、过程控制等方面得到应用。

(3)第三代计算机(20世纪60年代后期—20世纪70年代初)。所采用的主要电子器件为中小规模集成电路。集成电路是在一块几平方毫米的芯片上集成多个电子元件,使计算机的体积和耗电显著减小,计算速度显著提高,存储容量大幅度增加。这一阶段计算机软件技术也有了较大的发展,出现了操作系统和编译系统,出现了更多的高级程序设计语言。计算机系统结构有了很大改进。机种多样化、系列化,并和通信技术结合起来。使计算机的应用进入到更多的科学技术领域。

(4)第四代计算机(20世纪70年代初至今)。所采用的主要电子器件是大规模、超大规模集成电路。计算机运算速度高达每秒几百万次至数百亿次,体积越来越小,功能越来越强,且集成度越来越高,并且出现了微型计算机。在这个时期,计算机体系结构有了较大发展,并行处理、多机系统、计算机网络等都已进入实用阶段。软件方面更加丰富,出现了网络操作系统和分布式操作系统以及各种实用软件。计算机把信息采集、存储、处理、通信和人工智能结合在一起,应用范围也更加广泛,几乎渗透到人类社会的各个领域。

在计算机四个时代的发展进程中,计算机的性能越来越好,主要表现为生产成本越来越低、体积越来越小、运算速度越来越快、耗电越来越少、存储容量越来越大、可靠性越来越高、元件配置越来越丰富以及应用范围越来越广泛。

3. 我国的计算机发展历程

1952年我国计算技术的奠基人和最主要的开拓者之一华罗庚教授从清华大学电机系物色了闵乃大、夏培肃和王传英三位科研人员在中国科学院数学所内建立了中国第一个电子计算机科研小组。1956年筹建中科院计算技术研究所时,华罗庚教授担任筹备委员会主任。

1957年我国开始研制通用数字电子计算机。1958年,中国第一台(103机)通用数字电子管计算机研制成功。

1965年,哈尔滨军事工程学院研制出通用晶体管计算机(441-B),运行速度达到每秒一万次。

我国第三代计算机的研制与发达国家拉开了差距,IBM公司于1964年推出的360系列大型机是美国进入第三代计算机时代的标志,我国则到1970年初期才陆续推出大、中、小型采用集成电路的计算机。

进入80年代,我国高速计算机,特别是向量计算机有了新的发展。1983年中国科学院计算所完成我国第一台大型向量机-757机,计算速度达到每秒1000万次。这一纪录同年被国防科大研制的"银河-I"亿次巨型计算机打破。"银河-I"巨型机是我国高速计算机研制的一个重要里程碑,我国成为世界上少数具有研制巨型机能力的国家之一。

从90年代初开始,国际上采用主流的微处理机芯片研制高性能并行计算机已成为一种发展趋势。国家智能计算机研究开发中心于1993年研制成功"曙光一号"全对称共享存储多处理机。1995年,国家智能计算机研究开发中心又推出了国内第一台具有大规模并行处理机结构的并行机"曙光1000"(含36个处理机),峰值速度为每秒25亿次浮点运算,实际运算速度上了每秒10亿次浮点运算这一高性能台阶。其后,中国科学院计算所、国家智能计算机研究开发中心和国家高性能计算机工程中心先后研制出"曙光2000""曙光3000""曙光4000""曙光5000"。

纵观50多年来我国高性能通用计算机的研制历程,从103机到曙光机,走过了一段不平凡的历程,我国在计算技术方面确实有了巨大的进步,但是同国际先进水平依然存在一定的差距。

4. 计算机的发展趋势

当今计算机的发展趋势可以概括为巨型化、微型化、智能化、网络化。

（1）巨型化。巨型化是指发展超高速、超大存储容量、具有超强功能的巨型计算机，这主要是为了满足航空航天、天文、核技术等尖端科学以及探索新兴领域的需要。

（2）微型化。因大规模、超大规模集成电路的迅速发展，计算机迅速向微型化方向发展。微型计算机可以渗透到仪表、家电、导弹弹头等中、小型机无法进入的领域。可以说，计算机的微型化是当今世界计算机技术发展最为明显、最为广泛的趋势。

（3）智能化。智能化是未来计算机发展的总趋势。智能计算机要求计算机能模拟人的思维功能和感官，突出人工智能方法和技术的作用，在系统设计中考虑了建造知识库管理系统和推理机，使机器本身能根据存储的知识进行推理和判断。这种计算机除了具备现代计算机的功能之外，还具有在某种程度上模仿人的推理、联想、学习等思维功能，并具有声音识别、图像识别能力。

（4）网络化。计算机与通信相结合的网络技术是今后计算机应用的主流。进入20世纪80年代以来，计算机网络技术发展极为迅速，由简单的远程终端联机，经过计算机联网、网络互联，到今天的信息高速公路，使人们对计算机网络逐步形成了全新的概念。随着信息化社会的发展，信息的快速获取和共享已成为一个国家经济发展和社会进步的重要制约因素。

除此之外，非冯·诺依曼体系结构是另一个研究热点。冯·诺依曼的传统体系结构虽然为计算机的发展奠定了基础，但是它的"程序存储和控制"原理也成为进一步提高计算机性能的瓶颈。因此，出现了许多非冯·诺依曼体系结构的计算机理论。

许多科学家认为，以半导体材料为基础的继承技术正日益走向它的物理极限，要解决这一矛盾，必须开发新材料，采用新技术。科学家们正努力探索新的材料和技术，致力于研制新一代计算机，如生物计算机、光计算机和量子计算机等。2020年12月4日，中国科学技术大学，潘建伟团队成功构建76个光子的量子计算原型机"九章"，求解数学算法"高斯玻色取样"只需200秒钟。

2.1.2 计算机的分类

随着计算机的发展，其类型越来越多样化，可以从计算机的原理、用途以及综合性能指标进行分类。

1. 根据计算机原理分类

按照计算机原理分类，可分为模拟计算机（analog computer）、数字计算机（digital computer）和混合式计算机（hybrid computer）。

（1）模拟计算机。参与运算的数值由不间断的连续量表示，其运算过程是连续的。模拟计算机由于受元器件质量影响，其计算精度较低，应用范围较窄，目前已很少生产。

（2）数字计算机。参与运算的数值用断续的数字量表示，按数字位进行计算。数字计算机由于具有逻辑判断等功能，是以近似人类大脑的"思维"方式进行工作，所以又被称为"电脑"。

（3）混合式计算机。利用模拟技术和数字技术进行数据处理的电子计算机，兼有模拟计算机和数字计算机的特点。

2. 根据计算机用途分类

按照计算机用途分类,可分为专用计算机和通用计算机。

(1)专用计算机是指专为解决某一特定问题而设计制造的电子计算机,一般拥有固定的存储程序,如"神舟七号"上的数管容错计算机就是专用计算机,它具有自检测、自纠错的能力,可为飞船提供高可靠性的数据管理。其特点是解决特定问题的速度快、可靠性高,且结构简单、价格便宜。

(2)通用计算机是指功能齐全,适合于科学计算、数据处理、过程控制等方面应用的计算机,具有较高的运算速度、较大的存储容量、配备较齐全的外部设备及软件。

3. 根据计算机综合性能指标分类

根据美国电气和电子工程师协会(IEEE)1989年提出的标准,可以把计算机分成巨型机、小巨型机、大型机、小型机、工作站和个人计算机6类。

(1)巨型机(super computer)。巨型机又称超级计算机,具有很强的计算和处理数据的能力。该机主要特点表现为高速度和大容量,配有多种外围设备及丰富的、高功能的软件系统。巨型计算机的发展是电子计算机的一个重要发展方向,它的研制水平标志着一个国家的科学技术和工业发展的程度,体现着国家经济发展的实力。

(2)小巨型机(mini super computer)。小巨型机出现于20世纪80年代中期。该机体系结构简洁、工程结构紧凑、机器处理能力略低于巨型机,而价格只有巨型机的十分之一。

(3)大型机(mainframe)。大型机通常由许多中央处理器协同工作,配有超大的内存、海量的存储器,使用专用的操作系统和应用软件,具有很强的处理和管理能力,但价格比较贵,主要用于大银行、大公司、规模较大的高校和科研院所。

(4)小型机(mini computer)。小型机具有比微机更强的数据处理能力和数据存储能力,可靠性高,成本较低,一般为中小型企事业单位或某部门所用,目前主要用作服务器。

(5)工作站(workstation)。工作站是介于个人计算机与小型机之间的一种高档微机,其运算速度比微机快,通常配有高分辨率的大屏幕显示器及容量很大的内存储器和外存储器,并且具有较强的信息处理功能和高性能的图形、图像处理功能以及联网功能。工作站主要用于特殊的专业领域,如图像处理、动画制作、计算机辅助设计、模拟仿真等。

(6)个人计算机(personal computer)。个人计算机以微处理器为中央处理单元,又称为PC机、个人电脑、电脑,是第四代计算机时期出现的一个新机种。它虽然问世较晚,却发展迅猛,初学者接触和认识计算机多数是从PC机开始的。PC机的特点是轻、小、价廉、易用。自PC机诞生以来,其使用的CPU芯片平均每两年集成度增加一倍,处理速度提高一倍,价格却降低一半。随着芯片性能的提高,PC机的功能越来越强大。现在PC机的应用已遍及各个领域,从生产控制到办公自动化,从商业数据处理到个人学习与娱乐等。

2.1.3 计算机的应用

当今社会计算机的应用已遍布各个领域,正改变着人们传统的工作、学习和生活模式。计算机的应用领域主要有科学与工程计算、信息处理、实时控制、计算机辅助工程、办公自动化、数据通信、人工智能等。

1. 科学与工程计算

科学计算,即数值计算。其主要用于天文、水利、气象、地质、医疗、军事、航天航空、生物工程等科学研究领域,如卫星轨道计算、力学计算等,是计算机应用的重要领域。计算机的发明和发展首先是为了完成科学研究和工程设计中大量复杂的数学计算。

2. 信息处理

信息处理,即数据处理。信息处理一般泛指非数值方面的计算,以数据的收集、分类、统计、分析、综合、检索、传递为主要内容。其主要应用于金融、企业、政府等各个领域,如股市行情分析、商业销售业务、地震资料处理、企业信息管理等。

3. 实时控制

实时控制,即自动控制或过程控制,指对动态过程进行控制、指挥和协调。其主要用于国防建设和工业生产中,如由雷达和导弹发射器组成的防空系统、自动化生产线等,都需要在计算机实时控制下运行。

4. 计算机辅助工程

计算机辅助工程是近年来迅速发展的一个计算机应用领域,它包括计算机辅助设计(computer aided design,CAD)、计算机辅助制造(computer aided manufacture,CAM)、计算机辅助教学(computer assisted instruction,CAI)等方面。CAD广泛应用于飞机设计、汽车设计、建筑设计、电子设计等,CAM则是使用计算机进行生产设备的管理和生产过程的控制,CAI使教学手段达到一个新的水平,即利用计算机模拟一般教学设备难以表现的过程,并通过交互操作提高了教学效率。

5. 办公自动化

办公自动化(office automation,OA)指用计算机帮助办公室人员处理日常工作,如用计算机进行文字处理,文档管理,资料、图像、声音处理及网络通信等。它既属于信息处理的范围,又是目前计算机应用的一个较独立的领域。

6. 数据通信

利用计算机网络,使一个地区、一个国家甚至世界范围内的计算机实现信息、软硬件资源和数据共享。计算机网络改变了人的时空观,也将进一步改变人们的生活方式。

7. 智能应用

智能应用,即人工智能,指计算机模仿人类的智力活动。人工智能主要应用在语言翻译、模式识别、机器人研究等领域,既不同于单纯的科学计算,又不同于一般的数据处理,它不但要求具备很高的运算速度,还要求具备对已有数据进行逻辑推理和总结的功能,并能利用已有的经验和逻辑规则对当前事件进行逻辑推理和判断。

2.2　计算机的工作原理

美籍匈牙利数学家冯·诺依曼在1946年提出了关于计算机组成和工作方式的基本设想。至今为止,尽管计算机制造技术已经发生了极大的变化,但是就其体系结构而言,仍然是根据他的设计思想制造的,这样的计算机称为冯·诺依曼结构计算机。

1. 冯·诺依曼原理

冯·诺依曼的设计思想可以简要地概括为以下三点:

(1)计算机包括运算器、控制器、存储器、输入和输出设备五大基本部件,如图2-1所示。

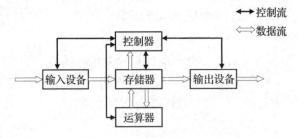

图2-1   冯·诺依曼计算机结构图

(2)计算机内部应采用二进制来表示指令和数据。

(3)将编写完成的程序送入内存储器中(存储程序),然后启动计算机工作,计算机不需要操作人员干预,能自动逐条取出指令和执行指令(程序控制)。

2. 计算机的工作过程

计算机之所以能在没有人直接干预的情况下,将输入的数据信息进行加工、存储、传递,并形成相应的输出,自动地完成各种信息处理任务,是因为人们事先为它编制了各种工作程序。可以说,计算机的工作过程就是执行程序的过程。

要让计算机工作,首先要编写程序,然后存储程序,即通过输入设备将程序送到存储器中保存,接着由计算机自动执行程序。而程序是由一条条指令组合而成的,因此计算机系统的工作过程实际上就是"取指令→分析指令→执行指令"的不断循环的过程。

2.3   计算机系统的组成

一个完整的计算机系统由硬件系统和软件系统两大部分组成。硬件系统是组成计算机系统的各种物理设备的总称,是计算机系统的物质基础。软件系统则是泛指各类程序和文档。没有任何软件的计算机被称为裸机,裸机几乎不能完成任何功能,计算机只有配备一定的软件才能发挥其作用。

2.3.1   计算机硬件系统

计算机由运算器、控制器、存储器、输入和输出设备五大基本部件组成。通常将运算器和控制器合称为中央处理器(central process unit,CPU),中央处理器又和主存储器(内存储器)一起组成了主机部分。除去主机以外的硬件装置(如输入设备、输出设备、辅助存储器等)则称为外部设备。

1. 运算器

运算器是计算机对数据进行加工处理的部件,包括算术运算(加、减、乘、除等)和逻辑运算(与、或、非、异或、比较等)。运算器由算术逻辑单元(arithmetic logic unit,ALU)、累加器、状态寄存器和通用寄存器等组成,其中状态寄存器可用于临时保存参加运算的数据和运算的中间结果等。

2. 控制器

控制器是整个计算机系统的指挥中心,负责对指令进行分析,并根据指令的要求,有序地、有目的地向各个部件发出控制信号,使计算机的各部件协调一致地工作。控制器由指令指针寄存器、指令寄存器、控制逻辑电路和时钟控制电路等组成。

3. 存储器

存储器是用来存放程序和数据的部件,是计算机能够实现"存储程序控制"的基础。存储器分为内存储器和外存储器两大类:CPU能直接访问的存储器称为内存储器,简称内存;外存储器是CPU不能直接访问的存储器,外存储器的信息必须调入内存储器后才能被CPU进行处理。

在计算机系统中,规模较大的存储器往往分成若干级,称为存储系统。通常采用三级存储系统,即高速缓冲存储器、主存储器和外存储器,如图2-2所示。

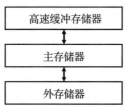

图2-2　三级存储系统

(1)高速缓冲存储器(cache),也称为快速缓冲存储器,简称快存。Cache的工作原理是保存CPU最常用数据,当Cache中保存着CPU要读写的数据时,CPU直接访问Cache。由于Cache的速度与CPU相当,CPU就能在零等待状态下迅速地实现数据存取。

(2)主存储器(main memory),也称为内存储器,简称主存或内存。现在计算机使用的主存储器主要是动态随机存储器(dynamic random access memory,DRAM),存取速度较快,可由CPU直接访问。DRAM只用于暂时存放程序和数据,一旦关闭电源或发生断电,其中的程序和数据就会丢失。

(3)外存储器(external memory),简称外存,主要有磁盘、光盘等。外存用于长期保存数据或程序,其特点是容量大且断电后数据不丢失,但存储速度较慢。

4. 输入设备

输入设备的任务是把人们编好的程序和原始数据转换成计算机内部所能识别和接收的信息方式后输入计算机。按输入信息的形式分为字符(包括汉字)输入、图形输入、图像输入及语音输入等。目前,常见的输入设备有键盘、鼠标、扫描仪等,外存储器(磁盘、光盘)也可以看作输入设备。

5. 输出设备

输出设备的任务是将程序运行结果或存储器中的信息输出到计算机外部,提供给用户。目前最常用的输出设备有打印机、显示器、绘图仪等,外存储器也可以看作输出设备。

2.3.2 计算机软件系统

软件系统是计算机系统的重要组成部分,由系统软件和应用软件两大类组成。

1. 系统软件

系统软件是指管理、控制、维护和监视计算机正常运行的各类程序,其主要任务是使各种硬件能协调工作,并为应用程序提供支持。系统软件包括操作系统、语言处理程序、连接装配程序、系统实用程序和数据库管理系统等。

(1)操作系统(operation system,OS)。操作系统的主要功能是对计算机系统中的软硬件资源进行有效的管理和控制,合理组织计算机的工作流程,并为计算机用户提供一个操作接口。常用的操作系统有 Windows、Unix、Linux、Solaris 等。

(2)语言处理程序。计算机只能执行机器语言程序,不能直接识别和执行用汇编语言或高级语言编写的源程序。语言处理程序的任务是把用汇编语言或高级语言编写的源程序翻译成机器可执行的机器语言程序。语言处理程序一般由汇编程序、编译程序、解释程序等组成。

(3)数据库管理系统(database management system,DBMS)。数据库管理系统是一种操纵和管理数据库的大型软件,用于建立、使用和维护数据库,它对数据库进行统一的管理和控制,以保证数据库的安全性和完整性。用户通过 DBMS 访问数据库中的数据,数据库管理员也通过 DBMS 进行数据库的维护工作。

2. 应用软件

应用软件是针对各类应用的专门问题而开发的软件。它可以是一个特定的程序,如图像浏览软件 ACDSee,也可以是一组功能联系紧密、互相协作的程序集合,如后续章节将要介绍的微软 Office 办公软件等。

2.4 计算机的主要技术指标

一台计算机整体的功能强弱或性能好差,由它的系统结构、指令系统、硬件组成、软件配置等多方面因素综合决定。对于不同用途的计算机,其对不同部件的性能指标要求有所不同。例如,对于用作科学计算为主的计算机,其对主机的运算速度要求很高;对于用作大型数据库处理为主的计算机,其对主机的内存容量、存取速度和外存储器的读写速度要求较高;而对于用作网络传输的计算机,则要求有很高的输入/输出(input/output,I/O)速度,因此应当有高速的 I/O 总线和相应的 I/O 接口。

一般而言,可从以下几个指标来评价计算机的性能。

1. 运算速度

运算速度是衡量计算机性能的一项重要指标。通常所说的运算速度是指每秒钟所能执行的指令条数,一般用每秒百万条指令(million instruction per second,MIPS)或者每秒百万条浮点指令(million floating point operations per second,MFPOPS)来描述。影响运算速度有以下几个主要因素:

(1)CPU主频。主频是指CPU内部的数字脉冲信号振荡频率,是CPU进行运算时的工作频率。一般来说,主频越高,一个时钟周期里完成的指令数也越多,CPU的运算速度也就越快。但主频并不直接代表运算速度,因为CPU的运算速度还要看CPU的流水线的各方面性能指标。

(2)字长。字长是指CPU一次能同时处理的二进制位数。字长标志着精度,字长越长计算的精度越高,指令的直接寻址能力也越强。一般在其他指标相同时,字长较长的计算机处理数据的速度快,相对而言也具有更强的信息处理能力。早期计算机的字长一般是8位和16位,现在微机的字长都已达到64位。

(3)指令系统。一台计算机中所有机器指令的集合,称为该计算机的指令系统。通常性能较好的计算机都设置有功能齐全、通用性强、指令丰富的指令系统。

2. 内存储器性能

内存储器是CPU能直接访问的存储器,其存取速度和容量都是影响计算机性能的重要指标。

(1)存取速度。内存储器完成一次读或写操作所需的时间称为存取时间,而连续两次读(或写)所需的最短时间称为存储周期。存取速度是存储器的重要性能指标,存取时间越短,表明其存取速度就越快。

(2)存储容量。内存容量的大小反映了计算机即时存储信息的能力。一般来说,内存容量越大,系统能处理的数据量也越大。

3. I/O的速度

I/O操作的响应速度将直接影响计算机整体性能。主机I/O的速度主要取决于I/O总线的设计。

2.5　计算机信息存储

2.5.1　数制及其表示

我们在日常生活中,经常会用到不同进制的数。最常用的是十进制数,如人民币十角为一元,逢十进一;有七进制,一周七天,逢七进一;有十六进制,如有些地方仍使用从古代传下来的计量方式,以十六市两为一市斤,逢十六进一;还有六十进制,如六十分钟计一小时,逢六十进一。计算机中存放的是二进制数,为了书写和表示方便,还引入了八进制数和十六进制数。

1. 进位计数制及书写规则

一般来说,如果数制只采用 R 个基本符号(如 $0,1,2,\cdots R{-}1$)表示数值,则称其为 R 进制数,各个基本符号称为"数码", R 称为该数制的"基数",而数制中每一固定位置对应的单位值称为"权",如 R^n 。

十进制数是大家最熟悉的进位计数制,它用 $0\sim9$ 共十个数码及逢十进一位的方式来表示数的大小。十进制数的特点可以概括为:

① 有 10 个数码,分别为 $0,1,2,3,4,5,6,7,8,9$ 。

② 全部数码的个数为 10 个,基数为 10。

③ 计数原则是由低到高逢十进一。

④ 第 i 位的权为 10^i(从 0 开始),如个位的权是 10^0,十位的权是 10^1,百位的权是 10^2 。

综上所述,进位计数制就是数码按位置排列起来,按照由低位到高位,逢基数进位的方式来计数的数制。

例如,十进制数 345.67,可以展开成下面的多项式:

$$345.67 = 3\times10^2 + 4\times10^1 + 5\times10^0 + 6\times10^{-1} + 7\times10^{-2}$$

式中 $10^2,10^1,10^0,10^{-1},10^{-2}$ 是不同位的权,每一位上的数码与该位权的乘积,就是该位的数值。

常用进位计数制的基数和数码见表 2-1。

表 2-1　常用进位计数制的基数和数码

数制	基数	数码
2	2	0,1
8	8	0,1,2,3,4,5,6,7
10	10	0,1,2,3,4,5,6,7,8,9
16	16	0,1,2,3,4,5,6,7,8,9,A,B,C,D,E,F

十六进制用数码 A ~ F 来表示 10 ~ 15。

各种进位计数制可统一表示如下:

$$\sum_{i=n}^{m} K_i \times R^i$$

① R:某种进位计数制的基数。

② i:位序号。

③ K_i:第 i 位上的数码,$0\sim R{-}1$ 中的任意一个。

④ R^i:第 i 位上的权。

⑤ m,n:最高位和最低位的位序。

按上式即可将任何一个二进制数直接转换为十进制数,同样也可以将八进制数和十六进制数直接转换为十进制数,称为按权展开法。

2. 进位计数制的常用单位

为了区分各种进位计数制的数,常采用在数的后面加写相应英文字母作为标识的方法。例如:

B——表示二进制数。例如,二进制数的1111111可写成1111111B。

O——表示八进制数。例如,八进制数的177可写成177O。

D——表示十进制数。例如,十进制数的127可写成127D。

H——表示十六进制数。例如,十六进制数7F可写成7FH。

除此之外,也可以用括号外面加数字下标的方法表示。例如:

$(1111111)_2$表示二进制数,$(177)_8$表示八进制数,$(127)_{10}$表示十进制数,$(7F)_{16}$表示十六进制数。

一般约定十进制数的后缀D或下标可省略。

3. 不同进位计数制之间数值的转换

计算机只能识别二进制数,人们习惯上却采用十进制数,因此常要进行二进制数和十进制数的转换。但二进制在表达一个数时,位数长不易识别,书写也麻烦,因此常将它们写成十六进制数或八进制数,这就需要对其进行转换。

(1)二进制数、八进制数、十六进制数转换为十进制数。利用前面介绍的按权展开法:

$(1111111)_2 = 1 \times 2^6 + 1 \times 2^5 + 1 \times 2^4 + 1 \times 2^3 + 1 \times 2^2 + 1 \times 2^1 + 1 \times 2^0 = 127$

$(177)_8 = 1 \times 8^2 + 7 \times 8^1 + 7 \times 8^0 = 127$

$(7F)_{16} = 7 \times 16^1 + 15 \times 16^0 = 127$

(2)十进制数转换成二进制数、八进制数、十六进制数。整数部分用除R取余法,小数部分用乘R取整法(R代表二进制、八进制或十六进制数的基数)。

【例1】 将$(12.75)_{10}$转换成二进制、八进制、十六进制。

① $(12.75)_{10}$转换成二进制。

整数部分:

小数部分:

$0.75 \times 2 = \underline{1}.50$……取出整数1（高位）

$0.50 \times 2 = \underline{1}.00$……取出整数1（低位）

余数为0,转换结束

整数部分转换成二进制:$(12)_{10} = (1100)_2$,小数部分转换成二进制:$(0.75)_{10} = (0.11)_2$,所以$(12.75)_{10} = (1100.11)_2$。

② $(12.75)_{10}$转换成八进制。

整数部分:

小数部分:

$0.75 \times 8 = \underline{6}.00$……取出整数6（高位→低位）

余数为0,转换结束

整数部分转换成八进制:$(12)_{10} = (14)_8$,小数部分转换成八进制:$(0.75)_1 = (0.6)_8$,所以$(12.75)_{10} = (14.6)_8$。

③ $(12.75)_{10}$转换成十六进制。

整数部分:

小数部分:

$0.75 \times 16 = \underline{12}.00$……取出整数12（高位→低位）

余数为0,转换结束

整数部分转换成十六进制:$(12)_{10}=(C)_{16}$,小数部分转换成十六进制:$(0.75)_1=(0.C)_{16}$,所以$(12.75)_{10}=(C.C)_{16}$。

(3)二进制与八进制、十六进制数之间的相互转换。二进制与八进制、十六进制数之间的相互转换规则很简单,因为每位八进制数可用3位二进制数来表示,见表2-2;每位十六进制数可用4位二进制数来表示,见表2-3。

表2-2　二进制数与八进制数的转换表

八进制数	0	1	2	3	4	5	6	7
二进制数	000	001	010	011	100	101	110	111

表2-3　二进制数与十六进制数的转换表

十六进制数	0	1	2	3	4	5	6	7
二进制数	0000	0001	0010	0011	0100	0101	0110	0111
十六进制数	8	9	A	B	C	D	E	F
二进制数	1000	1001	1010	1011	1100	1101	1110	1111

【例2】　将$(14.6)_8$转换成二进制数。

八进制　$\underset{001}{1}\ \underset{100}{4}\cdot\underset{110}{6}$　去除头尾的0
二进制

得出$(14.6)_8=(1100.11)_2$。

【例3】　将$(C.C)_{16}$转换成二进制数。

十六进制　$\underset{1100}{C}\cdot\underset{1100}{C}$　去除头尾的0
二进制

得出$(C.C)_{16}=(1100.11)_2$。

二进制数转换成八进制(十六进制)数时,以三位(四位)一组划分,每三位(四位)转换成一个八进制数(十六进制数)。位组的划分以小数点为中心向左右两端延伸,两头位数不足时补0。

【例4】　将$(1100.11)_2$转换成八进制数、十六进制数。

① $(1100.11)_2$转换成八进制数。

二进制　$\underset{1}{001}\underset{4}{100}\cdot\underset{6}{110}$　头尾不足3位补0
八进制

得出$(1100.11)_2=(14.6)_8$。

② $(1100.11)_2$转换成十六进制数。

二进制　$\underset{C}{1100}\cdot\underset{C}{1100}$　头尾不足4位补0
十六进制

得出$(1100.11)_2=(C.C)_{16}$。

2.5.2　数据的存储

无论是机器指令、英文字母、汉字,还是表示色彩、声音、图形、图像的数据,在计算机中都是以"0""1"组成的信息串存储。根据存储数据的特点,可分为数值型数据和非数值型数据,如123,1.5这样的为数值型数据,声音、图像等为非数值型数据。

1. 数据存储单位

由于计算机内部各种信息都是以二进制编码形式存储的,信息存储单位一般常采用"位""字节"和"字"来表示。

(1)位(bit,简称b)。计算机中最小的数据单位是二进制数的一个数位,简称为位。最基本的操作就是对二进制位的操作。一个二进制位可表示2个值(0或1),两个二进制位则可表示4个值(00,01,10,11)。

(2)字节(Byte,简称B)。8位二进制数称为1个字节,即1B=8b。字节是数据存储中最常用的单位,也是用来表示存储空间大小的基本单位,如某硬盘容量为120GB(GB的含义见表2-4)。

(3)字(word,简称w)。字也是用于表示数据长度的单位,它是信息交换、加工、存储的基本单元。一个字由一个或若干个字节组成(通常是字节的整数倍),字包含的位数称为字长。

2. 数据存储设备

用来存储信息的设备称为计算机的存储设备,如内存、硬盘、软盘、光盘、U盘等。不论是哪一种设备,所存储数据的基本单位是字节,也就是说按字节组织存放数据。

(1)存储单元。在计算机中,当数据作为一个整体被读或写时,这个数据需要被存放在一个或几个字节组成的一个存储单元中,如一个汉字所占存储单元一般为2个字节,一个整数所占存储单元一般为4个字节。存储单元的特点是,只有往存储单元送新数据时,该存储单元的内容会被新数据代替,否则保持原有数据。

(2)存储容量。某个存储设备所能容纳的二进制信息量的总和称为该设备的存储容量,存储容量用字节数来表示,如KB,MB,GB,TB和PB等,其含义见表2-4。

表2-4　存储容量计量单位

单位	含义
K(Kilo)	$2^{10}=1024$
M(Mega,兆)	$2^{20}=1024KB=1\ 048\ 576$
G(Giga)	$2^{30}=1024MB=1\ 073\ 741\ 824$
T(Tera)	$2^{40}=1024GB=1\ 099\ 511\ 627\ 776$
P(Peta)	$2^{50}=1024TB=1\ 125\ 899\ 906\ 842\ 624$

3. 存储单元的编址与寻址

为便于读写存储单元中的数据,需要对其进行编号,这个编号的过程称为编址。编址是以字节为单位进行的,而该存储单元起始字节对应的编号称为地址,地址也是用二进制

23

编码表示。根据地址寻找到存储单元的过程称为寻址。

2.5.3 信息的数字化

不论计算机要处理的信息是纯粹的数值,还是文字、声音、图像等,都必须将这些信息转换成为一组"0""1"数字的特定组合,从而使计算机能识别和接受,这一过程被称为信息的数字化。换句话说,信息的数字化就是将复杂的信息转变为一系列只有"0"和"1"两个数字组成的二进制代码,引入计算机内部并进行统一处理的基本过程。

数字化是数字计算机的基础,一切运算和功能都是用数字来完成。数字化也是当今多媒体技术的基础,数字、文字、图像、语音,包括虚拟现实等各种信息,实际上通过采样定理都可以用"0"和"1"来表示。正因为有了数字化技术,计算机不仅可以计算,还可以发出声音、拨打语音电话、看视频、产生虚拟的场景。

2.5.4 数据压缩

数字化过程有时候也包括数据压缩。所谓数据压缩(Data Compression),是指在一定的数据存储空间要求下,将相对庞大的原始数据重组为满足空间要求的数据集合,使得从该数据集合中恢复出来的信息能够与原始数据相一致,或者能够获得与原始数据一样的使用品质的过程。实际上,信息之所以能够被压缩,是因为信息本身通常存在很大的冗余量,而去掉这部分冗余仍然不影响人们对信息的感知和理解。

数据压缩方法被分为有损压缩算法和无损压缩算法两类。有损压缩算法,会造成一些信息的损失,只要这种损失被限制在可允许的范围内,如在图像压缩领域,JPEG标准就是一种著名的有损压缩算法。在无损压缩中,数据在压缩和解压缩的过程中都不会被改变或损失,解压缩产生的数据是对原始数据的完整复制,如大家熟悉的zip文件就是经过无损压缩后的文件格式,解压后可以恢复原始数据。

本 章 小 结

本章主要介绍了计算机的发展与分类、计算机的工作原理、计算机系统的组成、计算机信息存储等内容。通过本章的学习,可使读者对计算机的基础与原理有概括性的认识,为后续章节的学习打下基础。

思考与练习

一、思考题

1. 计算机的基本工作原理是什么？冯·诺依曼体系结构的特点是什么？
2. 简述计算机系统的组成。
3. 计算机的主要性能指标有哪些？

二、单项选择题

1. 以下不属于计算机输入或输出设备的是（　　）。
   A. 鼠标　　　　　　B. 键盘　　　　　　C. 扫描仪　　　　　　D. CPU
2. 以下属于应用软件的是（　　）。
   A. Windows 10　　　B. Linux　　　　　C. Office 2016　　　D. Unix
3. CPU 能直接访问的存储器是（　　）。
   A. 内存　　　　　　B. 硬盘　　　　　　C. U 盘　　　　　　D. 光盘
4. 以下不属于冯·诺依曼原理基本内容的是（　　）。
   A. 采用二进制来表示指令和数据
   B. 计算机应包括运算器、控制器、存储器、输入和输出设备五大基本部件
   C. 程序存储和程序控制思想
   D. 软件工程思想
5. 以下不称为数据存储的单位是（　　）。
   A. bit　　　　　　B. Byte　　　　　　C. word　　　　　　D. K

三、判断题（对的打"√"，错的打"×"）

1. 计算机系统由硬件系统和软件系统组成。 （　　）
2. 计算机的字长是指进行一次基本运算所能处理的二进制位数。 （　　）
3. 计算机内部是采用十进制表示数据。 （　　）
4. 运算速度是衡量计算机性能的唯一指标。 （　　）
5. 字节是用来表示存储空间大小的基本单位。 （　　）

第3章　Windows 10操作系统使用

本章要点

★ Windows 10基本操作
★ Windows 10文件管理
★ Windows 10基本管理

Windows 10是微软公司推出的计算机操作系统,操作界面直观、功能强大,广受计算机用户欢迎。本章将介绍Windows 10操作系统的基础知识和基本操作。

3.1　Windows 10概述

3.1.1　Windows 10简介

Windows 10是微软公司于2015年7月发布的操作系统,该系统可以应用于计算机和平板电脑。

1. Windows 10版本

微软发行了7个版本:家庭版(home)、专业版(professional)、企业版(enterprise)、教育版(education)、物联网核心版(Iot core)、移动版(mobile)和移动企业版(mobile enterprise)。前4个针对PC端,后3个适用于移动端。

家庭版拥有Windows 10的主要功能:Cortana语音助手、Windows Hello(脸部识别、面向触控屏设备的Continuum平板电脑模式、虹膜、指纹登录)、Edge浏览器、串流Xbox One游戏的能力、微软开发的通用Windows应用,如Photos、Maps、Mail、Calendar、Music和Video等。专业版除了Windows 10家庭版的功能外,用户还能管理设备和应用,支持远程和移动办公,保护敏感的企业数据,使用云计算技术和Windows Update for Business功能。企业版以专业版为基础,增添了企业所需的防范针对设备、身份、应用和敏感企业信息的现代安全威胁的先进功能,供微软的批量许可客户使用,用户还能选择部署新技术。教育版以Win-

26

dows 10 企业版为基础,面向学校教师和学生。它提供面向教育机构的批量许可计划,学校可以升级 Windows 10 家庭版和 Windows 10 专业版设备。

移动版面向尺寸较小、配置触控屏的移动设备用户,集成与 Windows 10 家庭版相同的通用 Windows 应用和针对触控操作优化的 Office 应用,连接外置大尺寸显示屏时,用户可以把智能手机用作 PC。企业移动版以移动版为基础,增添了企业管理更新,以及及时获得更新和安全补丁软件的方式。物联网核心版主要面向物联网设备,如 ATM、零售终端、手持终端和工业机器人,可以在设备上运行 Windows 10 企业版和 Windows 10 移动企业版。

2. Windows 10 的新特性

Windows 10 操作系统在易用性和安全性方面做了较大的提升,除了针对云服务、智能移动设备、自然人机交互等新技术进行融合外,还对固态硬盘、生物识别、高分辨率屏幕等硬件进行了优化完善与支持。

3.1.2　Windows 10 的运行环境

Windows 10 对电脑的硬件配置需求如下:

(1)CPU:1GHz 以上的处理器。

(2)内存:建议使用 1GB(32 位)或 2GB(64 位)以上的内存。

(3)硬盘:16GB(32 位)或 20GB(64 位)以上可用空间,推荐 30GB 左右。

(4)显示器:全面支持 DirectX 9 或更高版本的显卡,分辨率达到 1024dpi×600dpi。

3.1.3　Windows 10 操作系统的启动与关闭

1. Windows 10 的启动

使用 Windows 10 操作系统,首先要启动 Windows 10 操作系统,并成功登录后才可以做后续的一系列操作。启动 Windows 10 操作系统的步骤如下:

(1)按下主机和显示器的电源按钮,接通主机和显示器的电源,已安装 Windows 10 操作系统的计算机会自动启动 Windows 10 操作系统。

(2)在启动过程中,Windows 10 会进行自检、初始化硬件设备。

(3)如果没有对用户账户进行任何设置,则系统直接登录 Windows 10 操作系统;如果设置了用户和口令,将出现提示画面,在选择用户名并输入口令后按回车键启动操作系统。

(4)系统启动完成后将出现 Windows 10 桌面,如图 3-1 所示。

2. Windows 10 的关闭

关闭 Windows 10 意味着要关闭计算机,应遵循一定步骤操作,而非直接关闭计算机电源,否则可能引起数据丢失甚至对系统造成损坏。Windows 10 的关闭步骤如下:

(1)关闭正在运行着的应用程序,对需要保存数据的应用程序则先保存后关闭。

(2)单击桌面左下角的"开始"按钮,弹出开始菜单,单击左下角的"电源"按钮,选择"关机"选项,如图 3-2 所示。

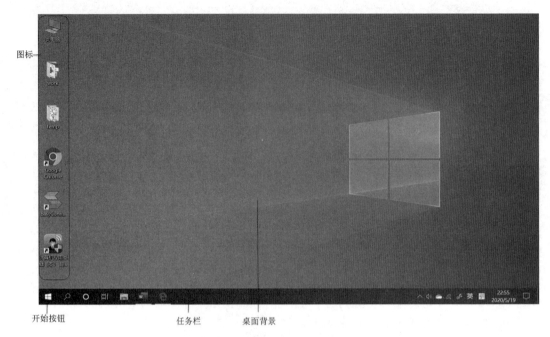

图标

开始按钮　　　　任务栏　　　桌面背景

图 3-1　Windows 10 操作系统界面

图 3-2　关闭 Windows10

3. Windows 10 的重启和睡眠

（1）Windows 10 的重启。Windows 10 的重启是在电脑使用过程中遇到某些故障,如死机状态、程序停止不运行等,需要系统自动修复故障并重新启动电脑,或者安装软件后需要重新启动电脑完成安装使用。

重启时将全部关闭打开的程序并退出 Windows 10 操作系统,然后电脑立即自动启动 Windows 10。

Windows 10 的重启操作和关机步骤类似,在开始菜单中单击"电源"按钮后,选择"重启"选项。

（2）Windows 10 的睡眠。Windows 10 的睡眠是指系统把用户数据保存在硬盘,然后关闭允许断电的硬件但是保证内存不断电。睡眠操作的优点在于唤醒速度快,进入系统耗时短,同时还可以节省电量消耗。当我们需要暂时离开电脑,但是电脑又在处理一些任务时,就可以采用睡眠功能,即便在睡眠中意外断电,重启之后也会自动恢复数据。

Windows 10 的睡眠操作和关机步骤类似,在开始菜单中单击"电源"按钮后,选择"睡眠"选项。

3.2 Windows 10基本操作

3.2.1 桌面

桌面,指在安装好 Windows 10后,用户启动计算机登录到系统后看到的全屏界面。它是用户与计算机进行交流的窗口,通过桌面用户可以有效地管理自己的计算机。桌面上有图标、桌面背景、任务栏、"开始"按钮等内容,如图3-1所示。

1. 桌面图标

通过桌面图标可以打开相应的操作窗口或者应用程序。桌面图标主要包括系统图标和快捷方式图标两种。系统图标是可以打开系统相关操作的图标;快捷方式图标是系统安装的应用程序的快捷启动方式图标。

在新安装的 Windows 10系统桌面中,一般默认包含"此电脑""网络"和"回收站"三个系统图标,此外还有"用户的文件"和"控制面板"。用户在系统安装应用程序后可以选择在桌面创建相应的快捷图标,也可以根据需要在桌面上创建文件夹并生成图标。

双击桌面图标可以快速启动相应的程序或文件,单击选中的图标后按键盘删除键可以删除桌面图标,也可以将选中的桌面图标直接拖曳到回收站删除。

2. 桌面背景

桌面背景用于美化操作界面,用户可依据个人喜好将喜欢的图片或颜色设置为桌面背景,以丰富桌面内容,美化桌面环境。Windows 10系统提供了一些自带图片,方便用户直接设置桌面背景。右击桌面,单击快捷菜单中的"个性化"按钮,可进行桌面背景设置。

3. 任务栏

任务栏一般位于桌面底端,可以打开应用程序,管理活动窗口,主要由开始按钮、搜索按钮、智能助手"Cortana"、任务视图、应用程序区、托盘区、消息框和显示桌面按钮组成,如图3-3所示。

图3-3 Windows 10任务栏

(1)搜索按钮可以通过输入关键字快速搜索系统内的应用程序、文档或者通过 Bing 网页搜索任意内容,如图3-4所示。搜索按钮可以设置为在任务栏隐藏、显示搜索图标或者直接显示搜索框,如图3-5所示。

(2)"Cotana"是微软发布的全球第一款个人智能助手,也是 Windows 10新增的功能。它"能够了解用户的喜好和习惯、帮助用户进行日程安排、问题回答等"。"Cortana"是微软在机器学习和人工智能领域方面的尝试,用户与"Cortana"的智能交互不是简单地基于存储式的问答,而是对话。它会记录用户的行为和使用习惯,利用云计算、搜索引擎和"非结构化数据"分析,读取和"学习"电脑中的文本文件、电子邮件、图片、视频等数据,来理解用户的语义和语境,从而实现人机交互。Windows 10的"Contana"可以帮助用户在电脑上查找文件资料、管理日历、跟踪程序包、跟用户聊天,还可以讲笑话,充分体现了Windows 10操作系统的个性化和智能化特点。

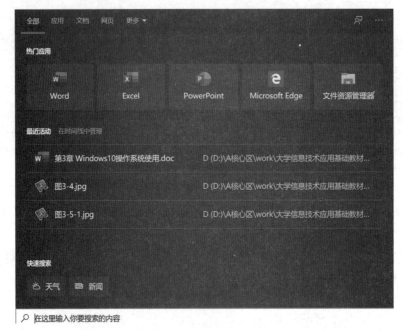

图3-4 搜索按钮窗口

图3-5 搜索按钮的设置

　　单击任务栏的"Contana"按钮,会打开一个语音输入窗口,如图 3-6 所示。当用户语音提问"今天的天气怎么样",会在默认浏览器自动打开微软的 Bing 搜索引擎,返回搜索关键词为"今天的天气怎么样"的搜索结果页面,如图 3-7 所示。

图 3-6　"Cotana"对话框

图 3-7　"Cotana"搜索结果

（3）任务视图也是Windows 10新增的功能，它可以帮助用户在日程表中找到最近运行的活动。单击任务栏上的任务视图按钮，出现如图3-8所示的任务视图窗口，单击某个想要返回的活动即可打开该活动窗口，从上次中断的位置继续之前的工作。

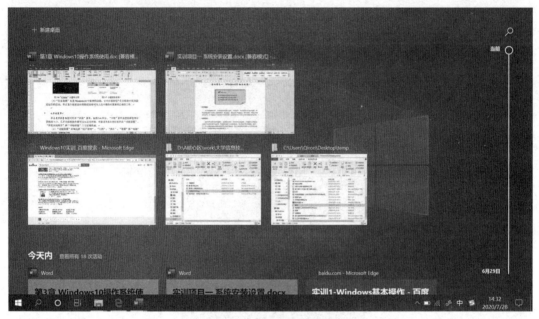

图3-8　任务视图窗口

（4）应用程序区是显示当前后台运行的应用程序的区域，Windows 10每打开一个应用程序，任务栏的应用程序区就会添加该应用程序的图标按钮，用户通过单击应用程序区的图标按钮切换活动程序。

（5）托盘区在Windows 10任务栏最右侧，又叫作通知区域，放置各种系统图标，比如喇叭、时间、输入法等，常用的应用图标也会在此处显示。因为空间有限，很多图标被隐藏，托盘区最左侧的向上箭头叫小三角形，单击该小三角形可以显示被隐藏的图标。

（6）Windows Ink是Windows 10提供的一项新功能。用户可以不使用传统键盘鼠标输入而借助触摸屏或者手写板在Windows 10中与电脑互动，电脑可以把用户通过手写板给出的信息转化为标准可识别字体。

Windows Ink还可以跟"Cortana"协作，把提醒事项交给"Cortana"，然后就会按照定下的时间进行提醒。整个过程非常流畅自然，就像用户把要做的事情用笔记下来，然后告诉秘书按照这个时间提醒用户，让电脑显得更加智能化。

Windows Ink工作区提供了Whiteboard和全屏截图的功能，单击任务栏上的Windows Ink图标就会出现上述两个功能按钮，如图3-9所示。草图板Whiteboard是一块白板，可以供绘制任何内容，如果没有手写笔，可以直接用鼠标进行绘制，还可以选择绘制工具（包括圆珠笔、铅笔或荧光笔），调整线条的粗细，使用直尺和量角器绘画直线和弧度，画错也可以选择"橡皮"的功能擦除。全屏截图可以捕捉屏幕内容，并使用数字笔做标记记录，无论屏幕上显示的是文档、网页、照片还是应用，都可以进行屏幕截图，然后使用Windows Ink进行编辑。

图 3-9　Windows Ink 工作区

4. 开始菜单

单击"开始"按钮打开"开始"菜单,如图 3-10 所示。"开始"菜单是使用和管理计算机的入口,几乎全部的操作都可以从这里开始。开始菜单从左到右依次由"功能设置""所有应用程序"和"开始屏幕"三个区域组成。

（1）"功能设置"区域由"用户管理""文档""照片""设置"和"电源"等控制按钮组成。

（2）"所有应用程序"区域以列表形式按字母顺序显示系统中安装的所有应用程序,用户单击此区域的应用程序按钮,即可打开相应的应用程序。

（3）"开始屏幕"区域以磁贴形式显示快捷应用方式,可以将常用的应用程序图标添加到该区域。设置方法为右击任意位置的应用程序图标,在快捷菜单中单击"固定到'开始'屏幕"按钮,如图 3-11 所示;也可以右击磁贴图标将磁贴从"开始屏幕"取消固定,或者调整大小,如图 3-12 所示。

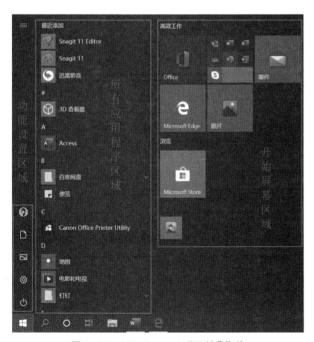

图 3-10　Windows 10"开始"菜单

图 3-11　Windows 10 固定区域设置（一）

33

图3-12　Windows 10固定区域设置(二)

3.2.2　鼠标与鼠标操作

鼠标是Windows 10环境下最灵活的输入工具,具备快捷、准确、直观的屏幕定位和选择能力。

在Windows 10系统中,鼠标指针在屏幕上一般是一个空心箭头,该指针会随着鼠标在桌面上的移动而在屏幕上同步移动。鼠标指针的形状可以随着当前所指向的对象或者所要执行的任务的变化而变化。

在Windows 10系统中,鼠标的主要操作如下:

(1)移动。不按鼠标上的任何键在屏幕上通过移动鼠标指针指向选定对象的过程称为移动。

(2)单击。将鼠标指针指在某一对象上,然后快速用右手食指按一下鼠标左键。一般单击左键表示选中对象,或者表示确定。

(3)右击。将鼠标指针指在某个对象上,然后快速用右手中指按一下鼠标右键,右击会打开当前对象的快捷菜单。

(4)双击。将鼠标指针指在某对象上,快速连击两下鼠标左键称为双击。双击可选定对象并执行默认的操作命令。例如,双击桌面图标将打开相应程序,双击窗口标题栏可使窗口在最大和还原间切换等。

(5)拖曳。将鼠标指针指在某一对象上或某处,再按住鼠标左键移动称为拖曳。例如,拖曳窗口标题栏可以移动窗口等,拖曳文件可进行文件的剪切或复制等。

3.2.3　窗口与窗口操作

在Windows 10中,应用程序运行后一般以窗口的形式显示。窗口可以划分为多个不同的组件,每个组件都有不同的用途,都可以为用户的使用带来便利。下面我们以Windows 10"此电脑"窗口为例,如图3-13所示,介绍窗口的各个组件。

(1)控制按钮,位于窗口左上角。单击该按钮或右击窗口标题栏会出现快捷菜单,如图3-14所示。

(2)快速访问工具栏,位于控制按钮右侧,集成常用功能按钮,用户可以根据需要使用按钮 ▼ 自行定义。

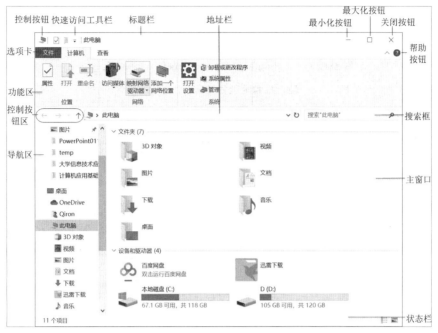

图 3-13 Windows10"此电脑"窗口

（3）标题栏,位于窗口上方,显示窗口名称。拖曳标题栏可以移动窗口位置,若双击标题栏,窗口会最大化;若再次双击标题栏,窗口会恢复到原大小。

（4）3个控制按钮,位于窗口右上角,自左向右排列的3个按钮分别是"最小化""最大化"/"还原"和"关闭"按钮。单击相关按钮可实现窗口缩小到任务栏、窗口在桌面最大化/还原和关闭该窗口。

（5）选项卡,位于标题栏的下方。单击不同的选项卡,可以切换不同的操作设置功能区。

（6）功能区,位于选项卡的下方。功能区对应的是不同选项卡的操作命令组。

（7）控制按钮区,位于功能区的左下方,可用于浏览记录的导航。当用户在"此电脑"窗口浏览硬盘上的某个文件夹时,每进入一个新的文件夹都会增加一条导航记录。单击导航按钮区域← → ∨ ↑中的"返回"按钮(←)可返回至上一浏览位置,然后,单击"前进"按钮(→)可以重新进入之前的位置。单击导航按钮右侧的小三角按钮,系统会以菜单形式列出最近的浏览记录,如图3-15所示,单击某个记录可以直接进入访问过的某个位置。

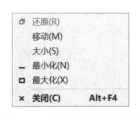

图 3-14 控制按钮快捷菜单

图 3-15 利用导航按钮在浏览记录中切换

（8）地址栏,位于控制按钮区的右侧,显示当前浏览位置的详细路径信息。地址栏具有按钮功能,即当前位置整个路径上的所有文件夹都显示为可单击的按钮,方便用户单击进入该路径上的任一文件夹,如图3-16所示。单击地址栏右侧的向下方向箭头按钮将以菜单形式打开访问历史记录,可以快速地在曾经访问过的文件夹之间进行切换。

> 此电脑 > 本地磁盘 (C:) > Program Files > Internet Explorer

图3-16 地址栏和地址栏按钮

图3-17 导航窗格

(9)搜索框,位于地址栏右侧,可对当前位置的内容进行搜索,用户只需在搜索框中输入关键词,主窗口会显示含有关键字的文件夹或文件的搜索结果。

(10)导航区,从上到下显示了不同的类别,如图3-17所示。"快速访问"包括常用文件夹,如桌面、下载、文档、图片和最近打开的文件夹;"桌面"包括OneDrive云存储、用户文件夹、此电脑、库、网络、控制面板、回收站、桌面上的文件夹等,单击类别前方的小箭头可以展开或合并该类别。利用导航窗格,可更方便地浏览电脑不同位置的内容。

(11)主窗口,位于窗口中间位置,占窗口最大的空间。主窗口显示要浏览的具体内容,是窗口中最主要的部分。

(12)状态栏,位于窗口最下方。状态栏显示当前位置和所选内容的详细信息,还可以在最右侧选择主窗口内容显示的样式为"详细信息"或"大缩略图"。

此外,在Windows 10中对窗口的操作还包括最大化窗口、最小化窗口、还原窗口、缩放窗口、移动窗口、切换窗口、排列窗口和关闭窗口等。

(13)最大化、最小化和还原窗口。

① 最大化窗口,指将窗口布满整个屏幕,单击窗口右侧的"最大化"按钮即可。单击"最大化"按钮后该按钮变成"还原"按钮,再单击"还原"按钮,又可将最大化的窗口还原为初始大小。

② 最小化窗口,指将打开的窗口以标题按钮的形式缩放到任务栏的应用程序区中,单击窗口标题栏右侧的"最小化"按钮即可。

(14)缩放窗口。窗口一般以默认大小打开,用户可根据需要改变其大小。将鼠标光标移至窗口的左边框或右边框,待光标的形状变为水平双向箭头(↔)时,拖曳鼠标可改变窗口的宽度;将鼠标光标移至窗口的上边框或下边框,待光标的形状变为垂直双向箭头(↕)时,拖曳鼠标可改变窗口的高度;将鼠标光标移至窗口的任意一个角上,待光标的形状变为斜向双向箭头(↖或↗)时,拖曳鼠标可同时改变窗口的高度与宽度。

(15)移动窗口。有时需要移动桌面上的窗口,可将鼠标光标移到窗口标题栏上除3个控制按钮以外的任意位置,拖曳鼠标移动窗口,移到恰当位置后松开鼠标即可。

💿 提示

若要改变窗口大小或移动窗口,须保证窗口处于非最大化或最小化状态。

(16)切换窗口。Windows 10允许同时打开多个窗口,但活动窗口(或前台窗口)只能有一个,其余窗口称为非活动窗口(或后台窗口)。如果同一程序打开了多个窗口,这些窗口在任务栏上的按钮会直接合并成一个,并显示在任务栏上。若要切换同个程序的不同窗口,可以单击任务栏上的应用程序按钮,将弹出每个窗口的缩略图,单击缩略窗口就可以切换到该窗口,如图3-18所示。

(17)排列窗口。为便于操作,可将桌面上打开的多个窗口进行层叠、堆叠、并排显示,在任务栏的空白处右击,在弹出的快捷菜单中选择相应的命令即可,如图3-19所示。

图3-18 通过任务按钮打开缩略图切换窗口　　　　图3-19 任务栏快捷菜单

(18)关闭窗口。若要关闭某一窗口,可以直接单击该窗口标题栏右侧的“关闭”按钮;若要关闭一组窗口,则可右击对应的任务栏上的应用程序按钮,在弹出的快捷菜单中选择“关闭所有窗口”命令。

3.2.4 图标与图标操作

图标是Windows 10中各对象的图形标识,包括文件夹图标、应用程序图标、快捷方式图标、文档图标、驱动器图标等。图标下方通常有标识名,表示图标代表的对象名称,若图标被选中则会高亮显示。

在Windows 10中,对图标的操作主要包括移动图标、图标更名、图标排列、打开图标、复制图标、删除图标等。

(1)移动图标。选择图标,拖曳至合适位置,松开鼠标即可移动图标。用该办法可将图标在桌面上或窗口内部移动,也可在窗口间移动。

(2)图标更名。右击图标,在快捷菜单中选择“重命名”命令,输入图标的新标识名即可。

(3)图标排列。图标排列方式分自动排列和非自动排列。所谓非自动排列,即用户可依自己的规则为图标排列。自动排列可分为按名称、按大小、按类型和按修改时间排列。为桌面或窗口内的图标进行自动排列的方法:右击桌面或主窗体内的空白处,在快捷菜单中选择相应命令即可,如图3-20、图3-21所示。

(4)打开图标。所谓打开图标,即打开图标对应的应用程序,用鼠标指向图标并双击。

(5)复制图标。复制图标的方法有以下几种:

① 在桌面或一个窗口内复制图标,或在同一磁盘的不同文件夹间复制图标,只需按下

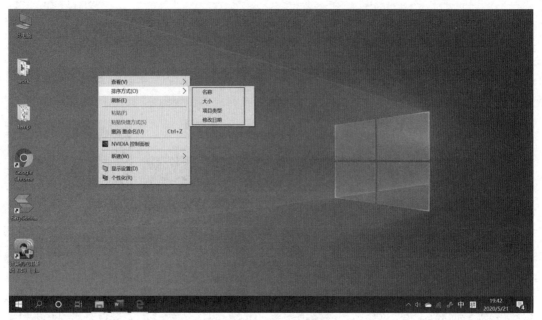

图 3-20　桌面快捷菜单

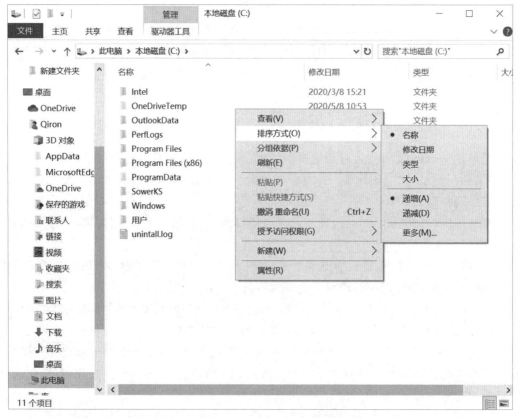

图 3-21　窗口快捷菜单

"Ctrl"键拖曳图标即可。

② 在不同磁盘的文件夹间复制图标,只需拖曳图标即可。

③ 选择图标后右击,在快捷菜单中选择"复制",再在目标位置右击,在快捷菜单中选择"粘贴"。

④ 选择图标,按下"Ctrl+C"组合键,再在目标位置按下"Ctrl+V"组合键即可。

(6)删除图标,即删除图标对应文件或文件夹,删除图标的方式有两种:

① 选择要删除的文件或文件夹图标,按下"Delete"键,此时将弹出"确认删除"对话框,单击"是"按钮可将其删除。

提示

这种删除方式实际上是将图标暂放在回收站中,可打开回收站对其进行恢复。若要真正删除图标,可按下"Shift+Delete"组合键,在弹出的"确认删除"对话框中单击"是"按钮,可彻底将图标从磁盘上删除,或者打开回收站对图标再次删除也可彻底删除图标。

② 将要删除的图标拖曳至"回收站"图标上,待"回收站"图标高亮显示时松开鼠标,这样就可将图标从原文件夹删除。

提示

可按下"Shift"键,再将要删除的文件或文件夹图标拖曳至"回收站",彻底删除文件图标。

3.2.5　菜单

Windows 10中有各类菜单,如开始菜单、快捷菜单、应用程序窗口菜单等。

菜单中常用一些特殊符号表示特定的含义,主要有以下几种:

(1)变灰的命令,目前不能执行。例如,图3-22所示的"粘贴"菜单命令目前不能执行。

(2)命令名后带省略号(…),表示该命令执行后将弹出对话框。如图3-23所示,单击"压缩并E-mail…"菜单命令将弹出对话框。

(3)命令名前有选择标记(✓),表示该命令正在起作用;再单击一次这个命令可删除标记,表示命令不再起作用。例如,图3-22所示的"将图标与网格对齐""显示桌面图标"等命令被选中,表明正在起作用。

(4)命令名后带的字母,表示该命令的快捷键,打开菜单后,可按下键盘上的字母执行命令。如图3-22所示按"E"键可执行"刷新"命令。

(5)命令名右侧的组合键,表示使用组合键可以在不打开菜单的情况下直接执行该命令。如图3-22所示,按"Ctrl+Z"组合键可执行"撤销"命令。

(6)命令名右侧的三角形(>),表示该命令执行后将出现一个级联菜单,即包含子菜单。如图3-22所示,单击"排序方式"可打开子菜单。

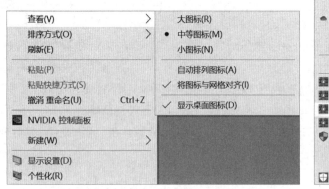

图 3-22　菜单示例(一)　　　　　图 3-23　菜单示例(二)

（7）命令左边带圆点(●),通常在由单选命令组成的一组命令中可见,即一组命令中只能选择其中一个,被选中的命令前标记圆点。如图 3-22 所示的"中等图标"前的圆点,表示当前窗口显示的图标为中等大小,而非大图标或小图标。

3.2.6　对话框操作

对话框是一种特殊的窗口,它是 Windows 10 与用户之间的一种交互工具。对话框的工作区内一般有选项卡、文本框、单选按钮、复选框、列表框、滚动条、命令按钮等元素,如图 3-24 所示。

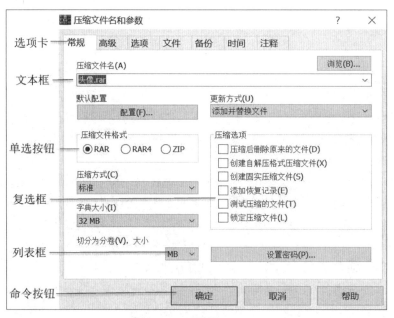

图 3-24　对话框

对话框的基本操作包括打开对话框、对话框内的操作、关闭或取消对话框等。

（1）打开对话框。通过执行菜单项命令(见 3.2.5)即可打开对话框。

（2）对话框内的操作。对话框内的操作实际上就是对话框内各元素的操作，包括选项卡的选择、文本框的编辑、单选按钮组的选择等。通过对这些元素的设置操作，完成人机交互，用户将自己的要求通过对话框传达给程序，而程序也可将当前的状态通过对话框展示给用户。

（3）关闭或取消对话框。不同对话框的关闭方式有所不同。有些对话框需要用户确认设置或取消设置后再关闭，这些对话框往往有"确定""取消"等按钮，如图 3-24 所示，用户可根据需要单击按钮来关闭对话框；而有些对话框只是用于显示一些信息，一般只有"确定"按钮，单击它即可关闭对话框。

3.2.7　剪贴板

Windows 10 的应用程序之间可以通过多种方式交换、传递信息，从而实现信息共享。剪贴板是信息共享与交换的主要媒介。这种信息传送与共享方式不仅可用于不同的应用程序之间，也可用于同一应用程序的不同文档之间，或者同一文档的不同位置。所传送的信息可以是文字、数字、符号、图形、图像、声音或它们的组合。

剪贴板的操作十分简单，选定要传送的信息，执行"剪切"或"复制"命令，信息就自动进入剪贴板；找到目标位置后，执行"粘贴"命令，即可把剪贴板中的信息传送到该位置。

实际上，剪贴板是 Windows 10 在内存中开辟的一块临时存放交换信息的区域，只要Windows 10 在运行，剪贴板就始终处于工作状态。Windows 10 提供了多个项目保存在剪贴板的功能，之前的 Windows 操作系统版本的剪贴板只能保存最近一次的内容。

3.2.8　获得帮助

Windows 10 提供了联机帮助系统，借助该系统用户可方便地获得 Windows 10 的使用帮助。除 Windows 10 帮助系统外，许多应用程序也都有自己的帮助系统，它们的操作办法大同小异。

要打开帮助系统有以下几种方法：

（1）使用开始按钮的"获取帮助"命令。单击开始按钮，选择应用程序区域"H"字母列表里的"获取帮助"命令，即可打开"获取帮助"窗口，如图 3-25 所示。若遇到一些无法解决的问题需要寻求帮助，可在此窗口输入问题的关键字，再单击" ➤ "按钮。

（2）使用"F1"键。传统上，"F1"一直是 Windows 内置的快捷帮助按钮。在 Windows10 中，按"F1"键可打开处于活动状态应用程序的帮助系统，若所有应用程序窗口都处于非活动状态，按"F1"键会调用系统当前的默认浏览器并打开 Bing 搜索页面，以获取 Windows 10 中的帮助信息，如图 3-26 所示。

（3）询问"Cortana"。"Cortana"是 Windows 10 自带且在任务栏显示的虚拟助理，它不仅可以帮助用户安排会议、搜索文件，还可以回答用户问题。因此，当需要获取帮助信息时，也可以直接询问"Cortana"，如图 3-27 所示。

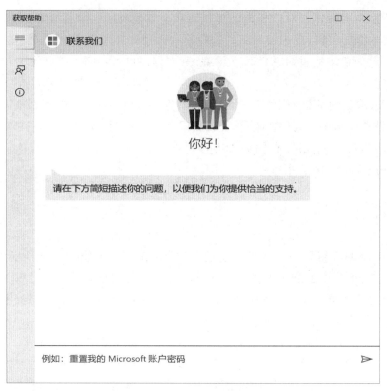

图 3-25　Windows 10 帮助(一)

图 3-26　Windows 10 帮助(二)

图 3-27　Windows 10帮助(三)

3.3　Windows 10文件及文件管理

3.3.1　文件与文件夹的概念

对文件的管理是操作系统的重要功能,对 Windows 10来说也是一样。首先我们来了解几个基本概念。

1. 文件

简单来说,文件是具有标识符(即文件名)的一组相关信息的集合。计算机中的信息都是以文件形式组织和管理的,可以说,文件是操作系统用来存储和管理信息的基本单位。

在 Windows 10中,文件可以用来保存各种信息,如用于存储文本信息的文本文件,用于存储声音的音频文件等。文件的物理存储介质通常是磁盘、光盘、U 盘等。

每个文件都有一个确定的名字,这样用户就可以不必关心文件存储方式、物理位置及访问方式,而是直接通过"按名存取"来使用文件。文件的名称由文件名和扩展名组成,文件名由字母、数字、汉字等符号组成。文件名和扩展名之间用"."隔开,扩展名表明了文件的类型。例如,文件名称"知识点.docx"中文件名为"知识点",扩展名为"docx",表明其为 Word 文档文件。

文件除文件名称还有文件类型、打开方式、物理位置、大小、占用空间、文件时间(包括创建日期、修改时间以及访问时间等)、访问权限等属性。右击文件图标,在快捷菜单中选择"属性"命令,即可打开"属性"对话框,查看该文件的具体属性,如图3-28所示。

图3-28　文件的"属性"对话框

2. 文件夹

Windows 10使用文件夹呈现目录结构。硬盘分区的盘符称为根目录,是磁盘或磁盘分区中最顶层的文件夹,它包括了这个磁盘或磁盘分区中的所有目录和文件,电脑中有几个磁盘分区就有几个根目录。

文件夹也有名称,与文件名称不同之处在于其没有扩展名。文件夹内可包含文件,也可再创建文件夹,如图3-29所示,"课程管理"文件夹下包括"程序设计基础""计算机应用基础""农村信息化技术"文件夹和"Java语言与WWW技术"文件。

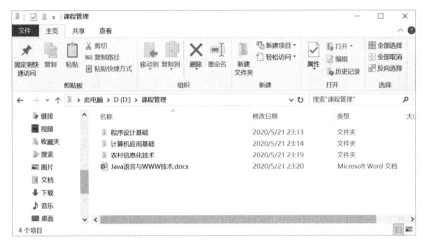

图 3-29 文件夹

3.3.2 文件与文件夹基本操作

文件与文件夹基本操作包括新建、打开、重命名、复制、移动、删除、恢复等。

1. 新建文件或文件夹

Windows 10在桌面或文件夹中新建文件或文件夹,可采用以下几种方法:

(1)在桌面或文件夹窗口的空白处右击,在弹出的快捷菜单中选择"新建"命令,在子菜单中选择要建立的文件类型或文件夹,如图3-30所示。

图 3-30 "新建"子菜单

(2)通过应用程序新建文件,也是新建文件最常用的方法。例如,启动"记事本"程序后即进入创建新文本文件的过程,当然也可通过"文件"菜单的"新建"命令来新建一个文本文件。

2. 打开文件或文件夹

打开文件的操作实际上是将该文件载入内存。若打开的是可执行程序文件,则直接运行该程序;若打开的为数据文件,则将启动创建该文件的应用程序来打开它,若系统找不到创建该文件的应用程序,则将弹出"打开方式"对话框,要求为其选择一个应用程序来完成打开任务。

打开文件夹则是将该文件夹的内容以窗口方式呈现在桌面上。

打开文件或文件夹可采用以下几种方法:

(1)双击要打开的文件或文件夹图标,即可打开该文件或文件夹。

(2)右击要打开的文件或文件夹图标,在弹出的快捷菜单中选择"打开"命令,即可打开该文件或文件夹。

(3)启动应用程序后,通过"文件"菜单的"打开"命令可打开利用该应用程序创建的文件。

3. 重命名文件或文件夹

文件或文件夹的名字可以修改,即对其重命名。文件或文件夹的重命名有以下几种方法:

(1)右击要重命名的文件或文件夹图标,在弹出的快捷菜单中选择"重命名"命令,在图标的标识名框中输入新名后按下"Enter"键即可。

(2)选中要重命名的文件或文件夹图标,再次单击,在图标的标识名反色显示后,删除原名、输入新名后按下"Enter"键即可。

4. 复制文件或文件夹

文件或文件夹的复制可采用以下几种方法:

(1)菜单命令方式。右击要复制的文件或文件夹图标,在弹出的快捷菜单中选择"复制"命令,在目标位置的空白处右击,在弹出的快捷菜单中选择"粘贴"命令即可。

(2)组合键方式。选择要复制的文件或文件夹图标,按下"Ctrl+C"组合键,在目标位置的空白处按下"Ctrl+V"组合键即可。

(3)鼠标拖曳方式。在桌面或一个文件夹内,或在同一磁盘的不同文件夹间复制文件或文件夹,只需按下"Ctrl"键拖曳文件或文件夹图标即可。在不同磁盘间复制文件或文件夹,直接拖曳文件或文件夹图标即可。

5. 移动文件或文件夹

文件或文件夹的移动可采用以下几种方法:

(1)菜单命令方式。右击要移动的文件或文件夹图标,在弹出的快捷菜单中选择"剪切"命令,在目标位置的空白处右击,在弹出的快捷菜单中选择"粘贴"命令即可。

(2)组合键方式。选择要剪切的文件或文件夹图标,按下"Ctrl+X"组合键,在目标位置的空白处按下"Ctrl+V"组合键即可。

(3)鼠标拖曳方式。在桌面或一个文件夹内,或在同一磁盘的不同文件夹间移动文件或文件夹,直接拖曳文件或文件夹图标即可。在不同磁盘间移动文件或文件夹,按下"Shift"键再拖曳文件或文件夹图标即可。

6. 删除和恢复文件或文件夹

文件或文件夹的删除和恢复操作与图标的删除和恢复相同。

3.3.3　搜索文件与文件夹

从3.3.2节可知用户可以方便地对文件与文件夹进行新建、复制、移动、删除等操作，大量的操作有时也会让用户不能快速准确找到所需文件或文件夹，这时可使用Windows 10提供的搜索功能。

要使用Windows 10文件与文件夹的搜索功能，可采用以下几种方法：

（1）使用任务栏中的搜索框。单击任务栏搜索框按钮（🔍），然后在打开的搜索框中输入搜索关键词，待键入后，与所输入关键词相匹配的文件或文件夹将出现在搜索框上。

（2）使用文件资源管理器中的搜索框。如果已知要搜索的内容在某个文件夹或库中，则可使用该方法来搜索。打开文件资源管理器，单击库或文件夹，在搜索框输入搜索关键词后按"Enter"键即可，如图3-31所示。除搜索词外，还可在"搜索"选项卡中进一步设置搜索选项，缩小搜索范围。

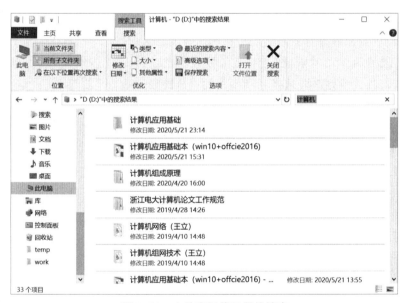

图 3-31　文件资源管理器的搜索

3.4　Windows 10的个性化设置

Windows 10的个性化设置包含了"背景""颜色""锁屏界面""主题""开始"和"任务栏"设置类别。在桌面空白处右击，在弹出的快捷菜单里选择"个性化"命令，弹出个性化设置窗口，如图3-32所示。本小节介绍几种常用的个性化设置。

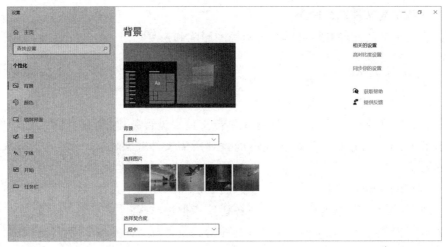

图 3-32 个性化设置窗口

3.4.1 背景设置

用户可以根据自己的喜好设置不同的桌面背景。个性化窗口默认设置页面即是背景设置,如图 3-32 所示,可以设置单个图片、纯色和幻灯片放映,直接在需要设置的项目上单击即可,幻灯片放映则需要选择系列图片的存放路径。最常用的图片背景设置,可以直接单击"选择图片"项下想要设置的图片完成设置,也可以单击"浏览"按钮选择保存在电脑中的其他图片。在"选择契合度"下拉框中选择合适的图片位置类型,可选的契合度选项如图 3-33 所示。

图 3-33 桌面背景契合度选项

3.4.2 屏幕保护程序设置

当用户一段时间没有对鼠标和键盘进行操作时,系统会自动启动屏幕保护程序。系统预设了多个屏幕保护程序,用户可以根据自己的喜好进行设置。

在个性化设置窗口的导航区域单击"锁屏界面"命令,切换到"锁屏界面"窗口,如图 3-34 所示。单击"屏幕保护设置程序"按钮,弹出"屏幕保护程序设置"对话框,如图 3-35 所示;单击"屏幕保护程序"下拉列表框,在打开的列表中选择保护程序,如"气泡",也可以修改"等待"项的分钟数值,调整当屏幕多长时间不发生变化时呈现保护程序,单击"确定"按钮,完成屏幕保护程序的设置。

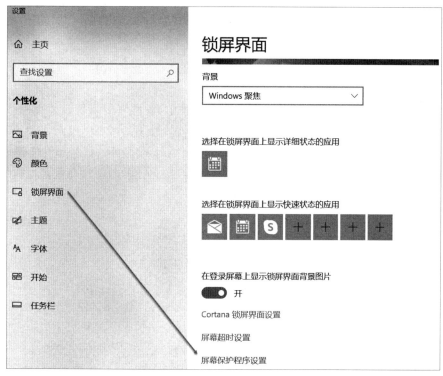

图 3-34 锁屏界面窗口

图 3-35 屏幕保护程序设置窗口

3.5　Windows 10基本管理

3.5.1　Windows设置

　　Windows设置是Windows 10操作系统的设置中心,所有的系统设置都可以通过它来完成。它包含对计算机软硬件进行管理的程序,包括系统、设备、手机网络和Internet、个性化、应用、账户、时间和语言、游戏、轻松使用、搜索、Cortana、隐私、更新和安全等。

　　单击"开始"按钮,在"开始"菜单中单击"设置"按钮(⚙)即可打开设置窗口,如图3-36所示。

图 3-36　Windows设置窗口

3.5.2　更改系统日期和时间

　　有时候用户需要更改系统的日期和时间,或者需要修正时间误差等。更改系统日期和时间可采用以下两种方法:

　　(1)在"设置"窗口中单击"时间和语言"按钮,打开设置的窗口,如图3-37所示,可以选择"自动设置时间""自动设置时区""手动设置日期和时间""同步时钟""时区"等。

　　(2)右击任务栏右下角通知区域的日期和时间,在弹出的快捷菜单(图3-38)中单击"调整日期/时间"命令,也会弹出图3-37所示的"日期和时间设置"对话框完成设置。

图 3-37　更改日期和时间(一)

图 3-38　更改日期和时间(二)

3.5.3　应用软件的安装与删除

　　计算机上仅有操作系统还不能满足用户的需要,还需要安装一系列应用软件,如杀毒软件、Office、Photoshop 等。

　　安装应用软件的方法可分为光盘安装、硬盘安装和在线安装等几种。尽管安装过程中会有不同的设置和安装选项,但安装的过程大同小异,一般包括启动安装向导、阅读用户协议、选择安装路径、选择安装组件和完成安装等。

　　如果应用软件不再使用,可以将其卸载以节省硬盘空间,或者当应用软件在使用过程中出现故障,可能也需要将其卸载后重新安装。通常采用以下两种方法卸载:

1. 通过开始菜单卸载

多数软件安装完成后会在开始菜单的"所有程序"列表中添加一个菜单项，可右击这个应用图标，在出现的快捷菜单中选择"卸载"命令。例如，要卸载"百度网盘"软件，只需在"开始"菜单的"所有程序"列表里找到"百度网盘"图标，右击该图标，在出现的快捷菜单中，如图3-39所示，单击"卸载"，即可打开控制面板的"卸载或更改程序"对话框，找到"百度网盘"图标，右击显示"卸载"/"更改"按钮，如图3-40所示，单击该按钮，将该应用程序从操作系统中彻底删除。

图3-39　卸载程序

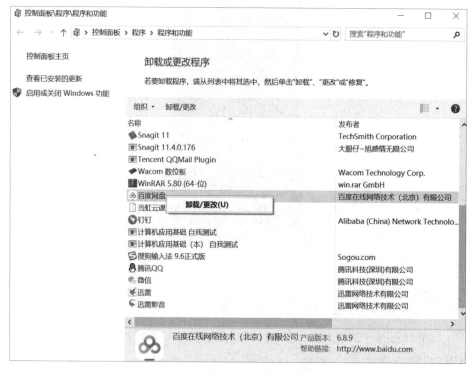

图3-40　"卸载或更改程序"对话框

2. 通过"设置"卸载

在图3-36所示的"设置"窗口中单击"应用"按钮，在打开的"应用和功能"窗口（图3-41所示）单击选中要删除的程序，再单击"卸载"按钮即可。

图 3-41　"应用和功能"窗口

3.5.4　查看电脑的硬件配置信息

查看电脑的硬件配置信息,可以了解各硬件性能和运行状态,有助于在系统出现故障时检查和判断故障的出处和原因。右击桌面上的"此电脑"图标,在弹出的快捷菜单中单击"属性"命令,弹出"系统"窗口,如图 3-42 所示,单击"设备管理器"命令。"设备管理器"窗口以树形目录显示电脑的硬件列表,单击某一项前面的右箭头,可展开该项目的子列表,双击需要查看的硬件设备,弹出的对话框将显示该硬件设备的信息,如图 3-43 所示。

图 3-42　"系统"窗口

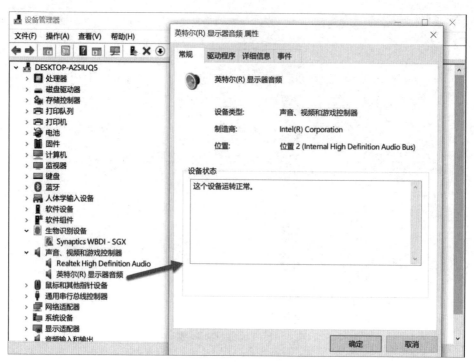

图 3-43　"设备管理器"窗口

3.5.5　添加硬件

当我们把硬件连接到计算机上时,为了让该硬件发挥作用,需要驱动程序告诉系统硬件设备所包含的功能,并且在软件系统要实现某个功能时,调动硬件并使硬件用最有效的方式来完成它。

Windows 10驱动程序库包含了大部分主流硬件的驱动程序,因此多数情况下添加一个硬件时,系统会自动识别新硬件并自动安装驱动程序。当把一个即插即用设备连接到电脑时,系统将检测到新设备,在任务栏上弹出一个提示框的同时,系统将自动查找该设备的驱动程序并进行安装。

如果连接上硬件后系统无法识别,可通过以下两种方式来手动安装驱动程序:

(1)单击任务栏搜索框按钮( )安装驱动程序。在搜索框输入"hdwwiz",找到该硬件添加向导程序后单击"打开"按钮,如图3-44所示。在跳出的窗口选择"允许此应用对设备进行更改",跳出"添加硬件"对话框,如图3-45所示。用户只需依据向导操作即可,包括确认硬件类别、指定驱动程序来源等。

(2)利用硬件厂商提供的可执行安装程序来安装驱动程序。厂商一般随硬件提供一张光盘,盘内有可执行安装程序,用户只需将光盘插入光驱中,安装程序会自动启动运行,用户依据安装向导提示操作即可。

(3)从硬件厂商的官方网站下载可执行安装程序来安装驱动程序。

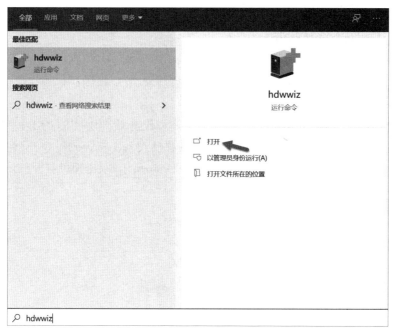

图3-44　手动安装设备驱动程序（一）

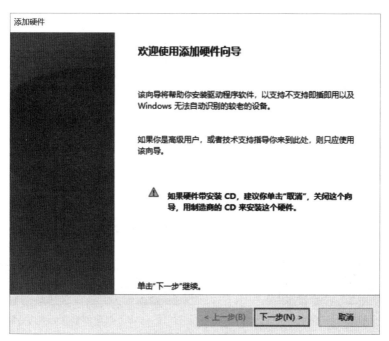

图3-45　手动安装设备驱动程序（二）

3.5.6 使用和安全卸载可移动存储设备

可移动存储设备是便于携带的存储介质,如移动硬盘、U盘等。

1. 使用可移动存储设备

可移动存储设备一般为即插即用设备。用户将设备插入电脑的USB接口,系统将自动识别该设备,在任务栏的通知区域中会显示可移动设备图标()。打开"此电脑"窗口,在"设备和驱动器"一栏可以看到该设备图标,如图3-46所示,双击即可打开该设备根目录。

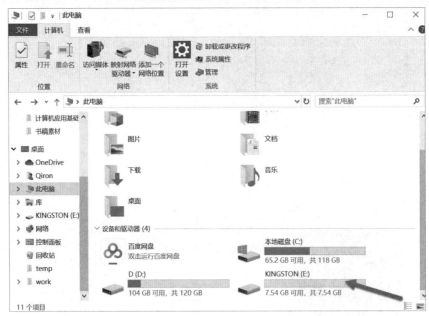

图3-46 可移动存储设备

2. 安全卸载可移动存储设备

在任务栏的通知区中单击即插即用设备图标,选择"弹出……"命令,如图3-47所示,系统会安全卸载该设备,并显示"安全地移除硬件"提示,如图3-48所示。

图3-47 安全卸载可移动存储设备(一)

图3-48 安全卸载可移动存储设备(二)

3.5.7 系统更新

一款操作系统在正式发布后,系统本身的一些漏洞会渐渐被发现,这些漏洞往往会给病毒以可乘之机,从而对系统的安全造成危害。一般来说,操作系统软件生产商会及时发布补丁程序以最大限度地为用户提供系统安全的保证,有时也会为原系统增加一些新的功能。Windows 10为用户提供了更新程序,允许系统上网更新补丁程序。

在图3-36所示的设置窗口中单击"更新和安全"按钮,在打开的"Windows更新"窗口中可以查看是否有更新可用,如图3-49所示,可以下载并安装,也可以在该窗口设置暂停更新的时间和更改使用的时段。

图3-49　Windows更新

3.5.8　磁盘管理

磁盘是计算机的重要部分,操作系统、应用程序、用户的数据文件等都保存在磁盘中。用户对磁盘进行有效的管理可以提高系统性能,使系统处于较好的状态。Windows 10为用户提供了许多管理磁盘的工具,包括磁盘管理、磁盘清理、磁盘碎片整理和优化等。

1.几个基本概念

(1)硬盘分区。大部分用户通常会将硬盘分成几个区,其目的主要是为了更合理、有效地保存数据。对硬盘进行分区首先要根据硬盘容量大小、具体应用需求和操作系统特性来合理制订分区方案,然后建立主分区,再建立扩展分区、划分逻辑分区,最后选择合适的分区格式来格式化各分区。

例如,划分一个主分区,选择NTFS分区格式,用于安装Windows 10操作系统;其余空间划分为一个扩展分区,并进一步划分成多个逻辑分区,如"D:""E:""F:"盘。"D:"盘用于存放系统备份和应用软件,"E:"盘用于存放工作文档,"F:"盘用于存放音乐、照片等,而各分区的大小可由硬盘本身大小和用户自身需求决定。

常用的分区办法有利用专门的分区工具、利用Windows 10操作系统安装程序在安装过程中分区,或者利用Windows 10的磁盘管理程序对磁盘空间进行分区。

(2)硬盘格式化。硬盘在使用前需要先进行格式化,这样可以在硬盘上建立可以存放数据的磁道、扇区。

安装Windows 10操作系统的主分区,在安装过程中可以对其格式化。Windows 10安装完成后,可以利用磁盘管理程序对扩展分区的各逻辑分区进行格式化。

2. 磁盘基本操作

(1)查看磁盘容量。常用的查看磁盘容量方法有以下两种:

① 双击桌面上的"此电脑",窗口将显示各磁盘的容量信息,如图3-13所示。

② 在"此电脑"窗口中,右击要查看的磁盘驱动器图标,在快捷菜单中选择"属性"命令,弹出的对话框将显示该驱动器的详细容量信息,如图3-50所示。

图3-50 磁盘属性对话框

(2)磁盘格式化。打开"此电脑",右击要格式化的磁盘图标,在快捷菜单中选择"格式化"命令,弹出图3-51所示的对话框,单击"开始"按钮即可进行格式化。

图3-51 磁盘"格式化"对话框

（3）磁盘碎片整理。用户在保存文件时，较大的文件常常被分段存放在磁盘的不同位置。由于用户经常性地创建、删除文件，许多文件会被分段分布在磁盘的不同位置，这就是所谓的磁盘碎片。碎片的增多影响了文件的存取速度，也影响了计算机的整体性能。

Windows 10 提供了"优化"程序，其作用是重新安排磁盘上文件和自由空间，使文件尽量存储在连续空间内，以提高系统性能。

可以按照以下步骤启动"优化"程序：如图 3-52 所示，打开"文件资源管理器"窗口，右击窗口中需要碎片整理的硬盘图标。

在弹出的快捷菜单中选择"属性"命令，弹出图 3-50 所示的"属性"对话框，选择"工具"选项卡，如图 3-53 所示。

单击"优化"按钮，弹出图 3-54 所示的"优化驱动器"窗口，在状态列表框中选择需要进行碎片整理的磁盘分区，单击"优化"按钮，则系统开始整理磁盘碎片，整理完成后单击"关闭"按钮即可。

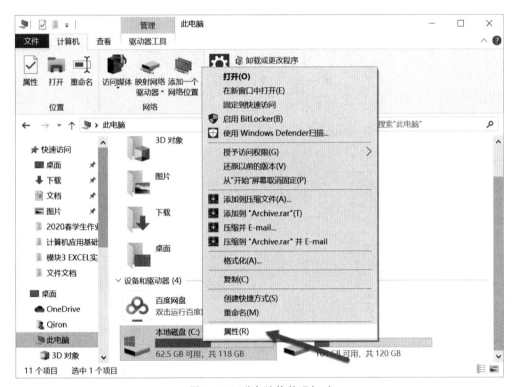

图 3-52　磁盘碎片整理（一）

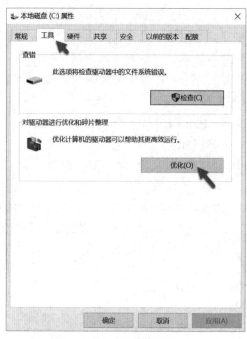

图 3-53　磁盘碎片整理（二）

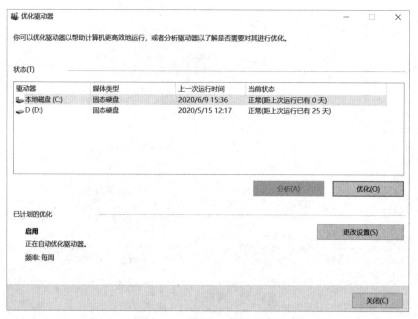

图 3-54　磁盘碎片整理（三）

💧 提示

　　如果使用的是固态硬盘，使用磁盘碎片整理功能意义不大。"分析"按钮呈灰色。

本 章 小 结

本章主要介绍了 Windows 10 操作系统的使用,包括 Windows 10 的基本概念与操作、Windows 10 的文件管理、Windows 10 对软硬件系统的基本管理等。通过本章的学习,可使读者对 Windows 10 操作系统的使用有一个全面的了解和掌握。

思考与练习

一、单项选择题

1. 在 Windows 10 资源管理器中,假设已经选定文件,以下关于"复制"操作的叙述中,正确的有(　　)。

   A. 直接拖至不同驱动器的图标上

   B. 按住"Shift"键,拖至不同驱动器的图标上

   C. 按住"Ctrl"键,拖至不同驱动器的图标上

   D. 按住"Shift"键,然后拖至同一驱动器的另一子目录上

2. 启动 Windows 10,最确切的说法是(　　)。

   A. 让 Windows 10 系统在硬盘中处于工作状态

   B. 把软盘的 Windows 10 系统自动装入 C 盘

   C. 把 Windows 10 系统装入内存并处于工作状态

   D. 给计算机接通电源

3. Windows 10 操作中,经常用到剪切、复制和粘贴功能,其中粘贴功能的快捷键为(　　)。

   A. Ctrl+C　　　　　　B. Ctrl+S　　　　　　　C. Ctrl+X　　　　　　　D. Ctrl+V

4. (　　)是 Windows10 操作的一般特点。

   A. 先选择操作命令,再选择操作对象

   B. 先选择操作对象,再选择操作命令

   C. 需同时选择操作对象和操作命令

   D. 需将操作对象拖到操作命令上

5. 在 Windows 10 中,如果删除的目标是一个文件夹,将(　　)。

   A. 仅删除该文件夹

   B. 仅删除该文件夹中的文件

   C. 删除文件夹中部分文件

   D. 删除该文件夹及内部的所有内容

6. 在 Windows 10 中,桌面上的图标可按( )、项目类型、大小、修改日期排列。

    A. 图标大小　　　　B. 使用者　　　　　　C. 拥有者　　　　　　D. 名称

7. 在 Windows 10 中,按住鼠标左键同时移动鼠标的操作称为( )。

    A. 单击　　　　　　B. 双击　　　　　　　C. 拖曳　　　　　　　D. 启动

8. 在 Windows 10 任务栏上的图标若有按钮的效果,表示相应的应用程序处在( )。

    A. 后台　　　　　　B. 运行状态　　　　　C. 非运行状态　　　　D. 空闲

9. 在 Windows 10 中,拖动( )可移动窗口。

    A. 菜单栏　　　　　B. 标题栏　　　　　　C. 工具栏　　　　　　D. 任一位置

10. 在 Windows 10 中,双击( )可使窗口最大化或还原。

    A. 菜单栏　　　　　B. 工具栏　　　　　　C. 标题栏　　　　　　D. 任一位置

11. Windows 10 中的菜单有( )菜单和快捷菜单两种。

    A. 窗口　　　　　　B. 对话　　　　　　　C. 查询　　　　　　　D. 检查

12. 在 Windows 10 中,菜单项名后带省略号(...),意为( )。

    A. 执行该命令后将弹出对话框　　　　B. 表示该命令被选择了

    C. 该菜单命令不能执行　　　　　　　D. 表示可以按省略号执行该命令

13. 在 Windows 10 中,菜单项名为浅灰色时,意为本项当前( )。

    A. 已操作　　　　　B. 可操作　　　　　　C. 不可操作　　　　　D. 没操作

14. Windows 10 的对话框一般包括( )、选项按钮、列表框、文本框和选择框等成分。

    A. 程序按钮　　　　B. 命令按钮　　　　　C. 对话按钮　　　　　D. 提示按钮

15. 在 Windows 10 中,单击是指( )。

    A. 快速按下并释放鼠标左键

    B. 快速按下并释放鼠标右键

    C. 快速按下并释放鼠标中间键

    D. 按住鼠标器左键并移动鼠标

二、填空题

1. 在 Windows 中,打开快捷菜单后,看到"刷新(E)"菜单项,键盘操作可用_____键。

2. 在 Windows 10 中,显示在窗口最顶部的称为_____栏。

3. Windows 10 的个性化设置包含了_____、_____、_____、_____、_____、_____6 个设置类别。

4. Windows 10 默认有_____、_____、_____、_____、_____、_____6 个库。

5. _____是 Windows 10 操作系统的设置中心,它包含对计算机软硬件进行管理的程序,包括系统、设备、手机、网络和 Internet、个性化、应用、账户、时间和语言、游戏、轻松使用、搜索、Cortana、隐私、更新和安全等。

第4章 Word 2016使用

本章要点

★ Office 2016概述

★ Word 2016的工作界面

★ 文档的基本操作

★ 文档的编辑和排版

★ 图文混排

★ 表格和图表

★ 样式和模板

★ 打印输出

4.1 Office 2016概述

Microsoft Office是Microsoft公司推出的一套办公软件,功能强大、使用方便,已成为目前日常办公的首选软件。Microsoft Office 2016的Windows版本于2015年9月发布,包括文字处理软件Word、表格处理软件Excel、演示文稿制作软件PowerPoint等常用组件。此外,还有数据库管理软件Access、数字笔记本软件OneNote、个人信息管理器和通信软件Outlook、信息收集与管理软件InfoPath、笔记记录和桌面出版软件Publisher等组件。

Office 2016与Office 2013相比,功能上变化不是特别大,仅在应用的具体功能上进行了优化,特别是针对移动平台和触控操作。在云服务的强力支撑下,Office 2016使移动办公、跨平台办公与协同工作更简单,应用更智能,数据分析更快更简单。同时,Office 2016在用户界面上也有了更高的辨识度,如其所有应用的标题栏都配上了固有的专属颜色,视觉效果更贴近于移动版本的应用,比较符合当下用户的审美习惯。Office 2016的各组件基本采用风格一致的标准化界面,拥有相似的功能区、Backstage视图、快速访问工具栏、快捷键、对话框,具有相似的操作步骤和基本命令,并能方便实现数据共享与协同处理。

4.1.1 Office 2016的安装

Office 2016的运行环境为 Windows 10、Windows 8.1、Windows 8 等操作系统,硬件最低系统要求:处理器为 1GHz,内存为 2GB RAM,硬盘 3GB 可用空间。

在使用 Office 2016 之前,首先需要安装 Office 2016 应用程序,解压 Office 2016 安装包,在解压后的文件夹中,找到 Setup.exe 安装程序,双击启动安装。安装过程中,按提示操作完成安装。安装完成后,即可运行输入密匙激活。

4.1.2 Office 2016组件的启动和退出

Office 2016组件的启动和退出与其他应用程序相同。

1. 启动 Office 2016 组件

Office 2016组件的启动方法有多种,常用的方法如下:

(1)使用"开始"菜单。单击"开始"→组件名(如 Word 2016),即可启动相应组件。

(2)使用"开始"屏幕快捷方式。单击"开始"→组件屏幕快捷方式(如 Word 2016),即可启动相应组件。当然,这种方式的前提是首先要创建"开始"屏幕快捷方式,创建步骤如下:单击"开始"→选择组件名(如 Word 2016),单击鼠标右键,在弹出的快捷菜单中选择"固定到'开始'屏幕",即可创建一个 Word 2016 的"开始"屏幕快捷方式图标。

(3)双击 Office 2016 文档。在"此电脑"或"文件资源管理器"中双击相应的 Office 文档图标,启动相应的 Office组件,并打开该文档。

2. 退出 Office 2016 组件

如果要退出 Office 2016 组件,常用的方法如下:

(1)单击窗口右上角的"关闭"按钮。

(2)单击窗口左上角的"控制菜单"的"关闭"按钮。

(3)按"Alt+F4"组合键。

(4)右击任务栏按钮,单击快捷菜单中"关闭窗口"命令。

4.1.3 Office 2016的帮助功能

Office 2016拥有强大的帮助系统,能随时为用户遇到各种 Office 使用问题时提供帮助,一般可以通过以下三种不同方法获得帮助:

(1)从智能搜索框获得帮助。"告诉我您想要做什么…"框是功能区内的搜索引擎,在这个文本框中键入所需的查询,可以快速找到要使用的功能或要执行的操作。对于有关搜索短语的帮助内容,可单击选项"获取有关'搜索短语'的帮助"。

(2)从"文件"菜单中访问帮助。在任何 Office 应用中,单击"文件"选项卡,单击右上角中的"?"按钮,即可打开相应 Office 应用的帮助查看器窗口,如"Word 2016帮助"的窗口,进行相关搜索。

（3）使用F1功能键访问帮助。可以像早期版本中那样用Microsoft标准帮助"F1"功能，在Office 2016的每个组件中显示Microsoft帮助和操作方法。

4.2　Word 2016的工作界面

Word 2016文字处理应用程序是Office系列集成办公应用软件中普及程度最广、使用频率最高的组件之一。Word 2016具有强大的文字处理和排版功能，能灵活地处理文本、表格、图片、声音等内容，轻松地生成一份图文并茂的文稿。Word 2016深受各行各业办公人员的青睐，被广泛应用于各种办公文件、商业资料、科技文章以及书籍的文档编辑和排版。

Office 2016工作界面继承了扁平化设计的Office 2013的风格，完美匹配了Windows 10操作系统，具有更高的辨识度。启动Word 2016，显示Word 2016的工作界面如图4-1所示（为使图片清晰，本教材Office相关图片是在Office主题设置为"白色"情况下的截图），包括标题栏、快速访问工具栏、"文件"选项卡、功能区、窗口操作按钮、标尺、文档编辑区、滚动条、状态栏、视图按钮、显示比例等。

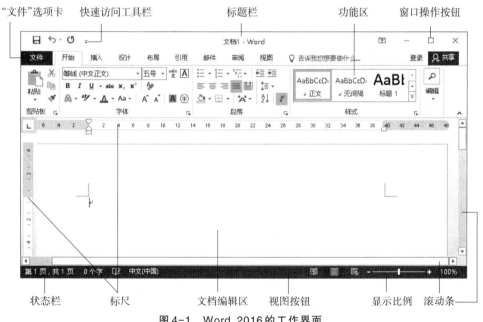

图4-1　Word 2016的工作界面

1. 标题栏

标题栏位于Word 2016用户界面的顶端正中位置，显示当前文档名和正在使用的应用程序名（Word）。

2. 快速访问工具栏

快速访问工具栏的默认位置在标题栏左侧，默认情况下由"保存""撤销"和"恢复"等常用按钮组成。用户也可以通过添加或删除按钮自定义快速访问工具栏。

单击工具栏最左边的空白处，会出现一个下拉菜单，菜单中包括还原、移动、大小、最小化、最大化和关闭等常用窗口控制命令。用户界面顶端最右侧的3个窗口操作按钮自左至右依次为最小化、最大化/向下还原和关闭按钮。

3."文件"选项卡

Word 2016用户界面继续沿用选项卡、功能区和Backstage视图。"文件"选项卡是位于标题栏下方左侧的一个蓝色选项卡。单击"文件"选项卡可打开Backstage视图,如图4-2所示。其中,包含文件操作、打印操作和个人信息以及设置选项等常用命令。

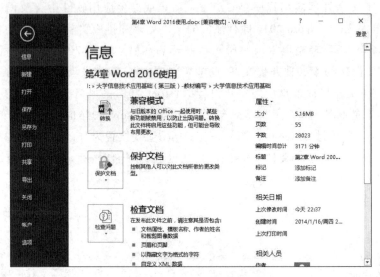

图4-2　Backstage视图

4.功能区

功能区是位于标题栏下方的一个带状区域,由"开始""插入""设计""布局""引用""邮件""审阅"和"视图"等选项卡组成。选项卡是按面向任务设计的,在每个选项卡通过组将一个任务分解为多个子任务。每个组中的命令按钮都执行一个命令或显示一个命令菜单。例如,"开始"选项卡中主要包括了剪贴板、字体、段落、样式等功能区。功能区操作命令组右下角带有对话框启动按钮(⌐),表示有命令设置对话框。

单击"功能区显示选项"按钮(⊡)即可打开功能区显示列表,可选择自动隐藏功能区、显示选项卡、显示选项卡和命令。

5.标尺

在功能区下方带有刻度和数字的水平栏称为水平标尺。水平标尺具有调整文档的缩进方式、边界及表格宽度等功能。在"页面"视图方式下还会出现垂直标尺。

6.文档编辑区和滚动条

(1)文档编辑区。用于加工和编辑文字、表格、图形或其他的文档信息。

(2)滚动条。文档编辑区的右侧和下方各有一个滚动条,分别称为垂直滚动条和水平滚动条。利用滚动条可以快速查看文档内容。

7.状态栏

状态栏位于Word 2016工作界面的最下方,用于显示当前正在编辑文档的总页数、当前页码、字数、输入法等信息。

8. 视图按钮

视图切换区位于状态栏的右侧,包含"阅读视图""页面视图""Web版式视图"3个视图切换按钮。通过单击其中按钮可以方便地切换到相应的视图。状态栏最右边有"显示比例"按钮和滑竿,可用来改变文档的显示比例。

4.3　文档的基本操作

创建文档、保存文档、打开文档和关闭文档等操作是编辑和排版文档最基本的操作,用户必须首先掌握。

4.3.1　创建文档

创建文档的常用方法有以下几种,用户可根据情况选择。

1. 新建空白文档

(1)启动 Word 2016 时,新建空白文档。启动 Word 2016 时,可以选择打开文档选项或文档模板选项执行打开、新建文档的操作,如图 4-3 左图所示。单击"空白文档",即可创建一个空白文档。

(2)启动 Word 2016 后,新建空白文档。

方法一,单击"文件"→"新建"选项,如图 4-3 右图所示,单击"空白文档",即可创建一个空白文档。

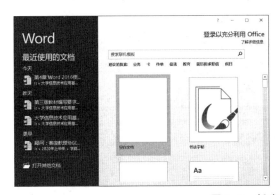 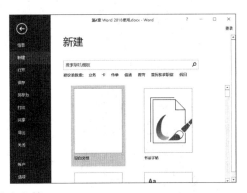

图4-3　新建空白文档

方法二,按"Ctrl+N"快捷键或利用快速访问工具栏的"新建空白文档"按钮,即可快速创建空白文档。

方法三,自定义快速访问工具栏方法:单击"自定义快速访问工具栏"按钮(图4-4左图),单击勾选需添加按钮,如"新建",添加后的快速访问工具栏如图4-4右图所示,也可以用去掉勾选删除已有按钮。

图4-4 自定义快速访问工具栏

2. 利用联机模板新建文档

模板是 Word 2016 提供的一些按照应用文规范建立的文档,如书法字帖、蓝灰色简历等。使用模板新建文档,可快速创建具有一定格式和内容的符合规范的应用文档,从而减轻了文字输入和文档格式设置的工作负担。具体的操作步骤如下:

单击"文件"→"新建"选项,单击需要的模板样式(如"蓝灰色简历"),单击"创建"按钮,即可创建所选模板的文档,如图4-5所示。

图4-5 使用联机模板创建文档

3. 使用自定义模板新建文档

单击"文件"→"新建"选项,单击"个人"选项卡(图4-6),如单击"教材编写模板"选项,即可创建使用该模板的文档。

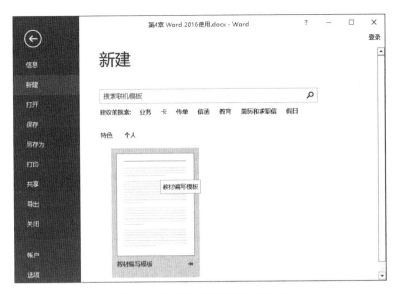

图4-6 使用自定义模板新建文档

4.3.2 保存文档

保存文档是一项很重要的工作。尤其要注意文档的及时保存,以防发生突然断电或系统故障等情况。

1. 保存新建的文档

Word 2016在新建文档时,自动将新文档暂时命名为"文档1""文档2"……但还没有保存到磁盘中。因此保存新建文档时,可以为文档重新指定一个文件名,具体操作步骤如下:

① 单击"文件"→"保存"命令,或单击快速访问工具栏的"保存"按钮(🖫),出现图4-7左图所示的"另存为"对话框。

② 双击"这台电脑",出现图4-7右图所示的"另存为"对话框,选择保存文档的位置,如果不改动,则文档将默认保存在用户的"文档"文件夹中。在"保存类型"下拉列表中选择保存文档的文件类型,如果不改动,则为默认类型 .docx。

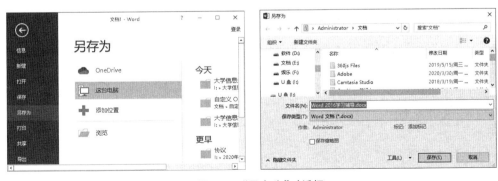

图4-7 "另存为"对话框

③ 在"文件名"文本框中输入一个新的文件名。若不输入,则 Word 会以文档第一句话的部分文字作为文件名进行保存。

④ 单击"保存"按钮,完成文件的保存。

2. 保存已有的文档

单击"文件"→"保存"命令,或单击快速访问工具栏上的"保存"按钮,即可保存。

因为是同名保存已有文档,所以不会弹出"另存为"对话框,直接把修改后的文档保存到原来的文件夹中,覆盖修改前的文档。

如果想保留原来的文件,可单击"文件"→"另存为"命令,以不同的文件名保存或保存在不同的位置即可。

4.3.3　打开文档

如果要对已保存的文档进行处理,如阅读、编辑、排版或打印等,都必须先打开该文档。打开文档主要有以下两种方法:

1. 利用"文件"选项卡打开文档

单击"文件"→"打开"选项,弹出图 4-8 左图所示的"打开"对话框,可以直接单击打开在"最近"列表中的文件。另外,也可双击"这台电脑",在图 4-8 右图所示的"打开"对话框中,选择需要打开的文档,单击"打开"按钮,即可打开该文档。

图 4-8　"打开"对话框

2. 利用"此电脑"或"文件资源管理器"打开文档

打开"此电脑"或"文件资源管理器"窗口,切换到文档所在的文件夹,双击该文档的文件图标,即可打开文档。

4.3.4　关闭文档

文档处理完毕,保存后就可以关闭了。关闭文档的方法有以下 3 种:

(1)单击窗口右上角的"关闭"按钮。

(2)单击"文件"→"关闭"命令。

(3)单击快速访问工具栏最左边的空白处,在弹出的下拉菜单中选择"关闭"命令。

4.4　文档的视图模式

文档视图模式即文档的显示方式。不同的视图模式用来满足不同的用户需求,Word 2016提供了5种视图模式:阅读版式视图、页面视图、Web版式视图、大纲视图和草稿视图。用户可以根据需要方便地切换文档的视图模式,使浏览和编辑文档更加清晰、简单。

1. 视图模式

(1)页面视图。页面视图是最常用的一种视图方式。在该视图方式下,可以显示Word 2016文档的打印结果外观,主要包括页眉、页脚、图形对象、分栏设置、页面边距等元素,是最接近打印结果的视图,如图4-9所示。

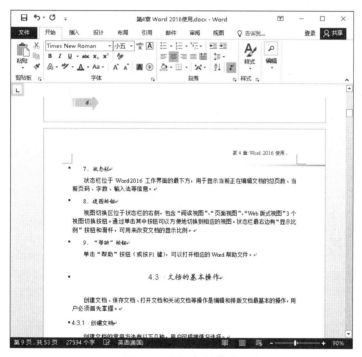

图4-9　页面视图模式

(2)阅读版式视图。阅读版式视图为用户提供了一个很好的阅读界面。在该视图模式下,以图书的分栏样式显示Word 2016文档,"文件"选项卡、功能区等窗口元素被隐藏起来。在阅读版式视图中,用户还可以单击"工具"按钮选择各种阅读工具,如图4-10所示。

(3)Web版式视图。Web版式视图以网页的形式显示Word 2016文档,Web版式视图适用于发送电子邮件和创建网页,如图4-11所示。

(4)大纲视图。大纲视图主要用于设置Word 2016文档的设置和显示标题的层级结构,并可以方便地折叠和展开各种层级的文档。大纲视图广泛用于Word 2016长文档的快速浏览和设置,如图4-12所示。

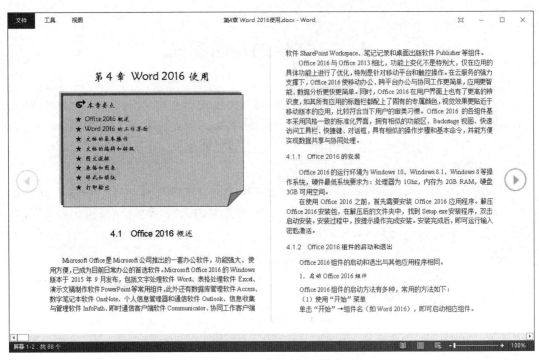

图4-10　阅读版式视图模式

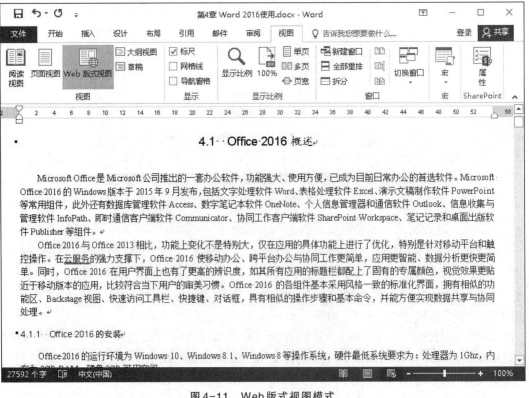

图4-11　Web版式视图模式

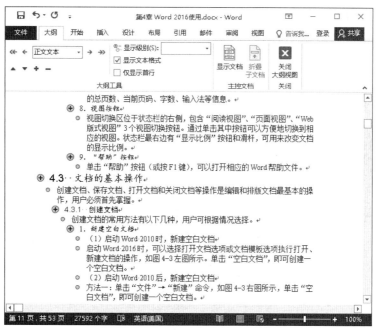

图4-12 大纲视图模式

（5）草稿视图。草稿视图取消了页面边距、分栏、页眉、页脚和图片等元素，如图4-13所示，仅显示标题和正文，是最节省计算机系统硬件资源的视图方式。当然，现在计算机系统的硬件配置都比较高，基本上不存在由于硬件配置偏低而使Word 2016运行遇到障碍的问题。

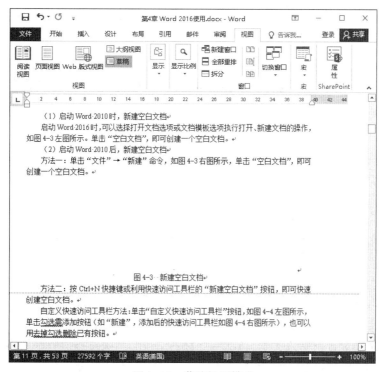

图4-13 草稿视图模式

2. 视图切换方法

单击状态栏右侧视图切换区中的相应按钮,或单击"视图"→"视图"中的相应视图按钮,即可切换文档视图。

3. 文档导航

在 Word 2016 中,可以迅速处理长文档。通过拖放标题可轻松地重新组织文档,还可以使用搜索功能查找内容。单击"视图"→"显示"→"导航窗格",即可打开或关闭文档导航窗格,如图 4-14 所示。

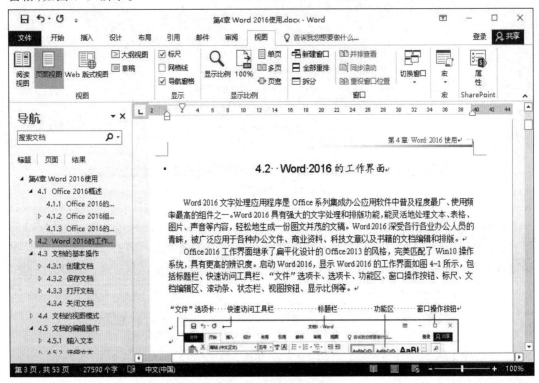

图 4-14　文档结构图

4.5　文档的编辑操作

创建文档后,就可以输入和编辑文档内容了。文档的基本编辑操作包括插入点的定位,文本的输入、选定、删除、复制、移动、查找和替换等操作。虽然这些操作比较简单,但熟练掌握能有效提高工作效率。

4.5.1　输入文本

Word 2016 通过键盘输入文本,包括一些标点符号和特殊符号。打开文档后,先将插入点定位到需要插入文本的位置,然后输入文本,文本则显示在插入点处,插入点自动向右移动。

1. 定位插入点

定位插入点的方法主要有以下3种：

（1）鼠标定位。使用鼠标拖动垂直滚动条和水平滚动条到要定位的文档页面，然后在需要的位置单击鼠标左键，即可定位插入点。

（2）键盘定位。使用键盘可准确快速地定位插入点，定位插入点的快捷键列表见表4-1。

（3）命令定位。单击"开始"→"编辑"→"查找"→"转到"命令，弹出"查找和替换"对话框，如图4-15所示。

表4-1　定位插入点的快捷键列表

快捷键	移动方式	快捷键	移动方式
→	右移一个字符	End	移到行尾
←	左移一个字符	Home	移到行首
↓	下移一行	PageDown	下移一屏
↑	上移一行	PageUp	上移一屏
Ctrl+→	右移一个单词	Ctrl+End	移到文档尾
Ctrl+←	左移一个单词	Ctrl+Home	移到文档首
Ctrl+↓	下移一段	Ctrl+PageDown	下移一页
Ctrl+↑	上移一段	Ctrl+PageUp	上移一页

图4-15　"查找和替换"对话框

在"定位目标"列表框中选择所需的定位对象，再在输入文本框（如"输入页号"）中输入具体的定位要求，单击"定位"按钮即可定位到具体位置。

2. 输入文本

（1）输入文字。输入文字的操作步骤如下：

① 单击任务栏右端的输入法指示器，在弹出的输入法菜单中选择所需的输入法，或使用"Ctrl+Shift"快捷键选择输入法。

② 可使用输入法工具栏按钮切换各种输入状态，如半角/全角输入状态；也可以用快捷键切换各种输入状态，如"Ctrl+空格键"可切换中英文输入状态。

③ 用键盘输入文字。在输入过程中，可按"Delete"键删除插入点右边的一个字符，按"BackSpace"键删除插入点左边的一个字符。

Word具有自动换行功能，连续输入完一段内容之后，可按"Enter"键结束该段文字的输入。

(2)插入符号。插入符号的具体操作步骤如下：

① 单击"插入"→"符号"→"其他符号"命令，弹出"符号"对话框，如图4-16所示。

图4-16 "符号"对话框

② 在"字体"下拉列表中选择所需的字体，在"子集"下拉列表中选择所需的选项。

③ 在列表框中选择需要的符号，单击"插入"按钮，即可在插入点处插入该符号，也可单击"特殊符号"选项卡选择。

④ 单击"关闭"按钮，关闭"符号"对话框。

【例1】 试着输入文本，文本内容如图4-17所示。

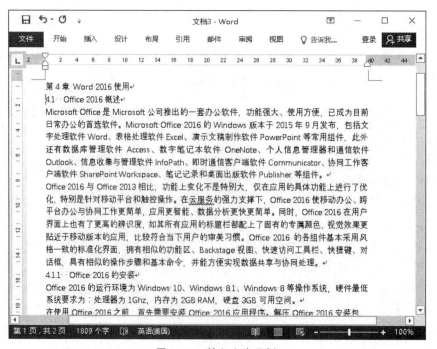

图4-17 输入文本示例

注意

以"Enter"键结束一段文字的输入,开始新的一段文字的输入。

4.5.2　选择文市

在对文本进行移动、复制、删除等操作前,必须先选定文本。选定文本可以使用鼠标和键盘两种方法。

1. 使用鼠标选定文本

使用鼠标选定文本,具体操作方法见表4-2。

表4-2　使用鼠标选定文本的操作方法

选定内容	操作方法
指定的内容	将鼠标指针指向指定内容的起始位置或结束位置,按住鼠标左键不放并拖过要选定的文字
一句	按"Ctrl"键,并单击句子内的任何位置
一行	将鼠标指针指向该行左侧选定栏,使鼠标指针形状变成↗,然后单击鼠标
连续多行	将鼠标指针指向起始行左侧选定栏,使鼠标指针形状变成↗,单击鼠标后按住鼠标左键向下拖动
一段	将鼠标指针指向段落左侧选定栏,使鼠标指针形状变成↗,然后双击鼠标
连续多段	将鼠标指针指向起始段落左侧选定栏,使鼠标指针形状变成↗,双击鼠标后按住鼠标左键向下拖动
全文	将鼠标指针指向左侧选定栏,使鼠标指针形状变成↗,然后三击鼠标,或单击"开始"→"编辑"→"选择"→"全选"命令
不连续文本	先选定第一个文本区域,按住"Ctrl"键,再选定其他文本区域
竖块文本	按住"Alt"键,将鼠标指针移至要选定文本的开始处,然后单击鼠标并拖动鼠标到选定文本的结束部分,最后释放鼠标和"Alt"键

2. 使用键盘选定文本

使用键盘选择文本,主要通过"Ctrl、Shift和方向键"组成的快捷键来实现,具体快捷键见表4-3。

表4-3　使用键盘选定文本的快捷键

快捷键	选定范围
Shift+→	选定插入点右侧的一个字符
Shift+←	选定插入点左侧的一个字符
Shift+↓	选定到下一行
Shift+↑	选定到上一行

快捷键	选定范围
Shift+End	选定到行尾
Shift+Home	选定到行首
Ctrl+Shift+End	选定到文档结尾
Ctrl+Shift+Home	选定到文档开头
Ctrl+A	选定整篇文档

3. 取消选定

取消文本的选定状态。可使用以下方法：

（1）使用鼠标取消选定。只需在文档的任意位置单击鼠标即可。

（2）使用键盘取消选定。只需按"→""←""↓"或"↑"任一个箭头键，或按"Home""End""PageUp"或"PageDown"键即可。

4.5.3 复制与粘贴文本

当一些文本在文档中出现多次时，可使用复制与粘贴功能，实现快速完成文本的输入和编辑工作。复制文本的具体操作步骤如下：

① 选定要复制的文本。

② 单击"开始"→"剪贴板"→"复制"（📋复制），或按"Ctrl+C"快捷键，把选中的文字复制保存到剪贴板中。

③ 将插入点移到需要插入文本的位置。

④ 单击"开始"→"剪贴板"→"粘贴"按钮（📋粘贴），或按"Ctrl+V"快捷键，即可把剪贴板上的内容粘贴到插入点的位置。单击"粘贴"按钮下方的箭头可以选择粘贴选项，实现多种粘贴方式。

4.5.4 移动与删除文本

1. 删除文本

删除文本的方法非常简单，具体有以下几种操作方法：

（1）删除插入点左边的一个字符。按"BackSpace"键删除。

（2）删除插入点右边的一个字符。按"Delete"键删除。

（3）删除一段文本。先选定要删除的文本，然后单击"开始"→"剪贴板"→"剪切"按钮（✂剪切），或按"Delete"键、"BackSpace"键，或按"Ctrl+X"快捷键，都可以删除文本。

2. 移动文本

移动文本的常用方法如下：

（1）利用鼠标拖放移动文本。如果是短距离移动文本，则可以利用鼠标拖放实现文本移动，具体操作步骤如下：

① 选定要移动的文本。

② 将鼠标指针指向选定的文本，当鼠标指针形状变成（ ）时，单击鼠标并拖动，会出现一条虚线插入点，即移动的目标位置。

③ 释放鼠标，选定的文本便从原来的位置移到新的位置。

（2）利用功能区按钮或快捷键移动文本。如果要长距离移动文本，则可以按照下述步骤进行操作：

① 选定要移动的文本。

② 单击"开始"→"剪贴板"→"剪切"按钮，或按"Ctrl+X"快捷键，把选中的文本从原位置删除，存放到剪贴板中。

③ 将插入点移到需要粘贴文本的位置。

④ 单击"开始"→"剪贴板"→"粘贴"按钮，或按"Ctrl+V"快捷键，便把剪贴板中的内容粘贴到插入点处，完成文本的移动。

4.5.5　查找和替换文本

Word 2016提供了强大的查找和替换功能，可以准确快速地查找和替换文本内容。尤其在处理一些较长的文档时，通过查找和替换功能可以大大提高工作效率。

1. 查找文本

查找文本最简单的步骤是单击"开始"→"编辑"→"查找"按钮，打开导航窗格，在搜索文档框中可直接输入将要查找的文本即可。具体的查找操作步骤如下：

① 单击"开始"→"编辑"→"查找"按钮右侧的小箭头，在展开的下拉列表中单击"高级查找"选项，弹出"查找和替换"对话框，如图4-18所示。

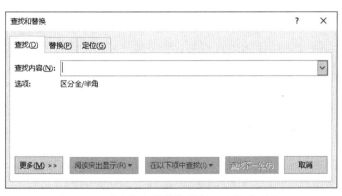

图4-18　"查找和替换"对话框-查找选项卡

② 在"查找内容"文本框中输入将要查找的文本，单击"更多"展开"搜索选项"，可对查找的内容进行设置，如格式、区分大小写、使用通配符、全字匹配等。

③ 单击"查找下一处"按钮，系统将光标移动到查找内容第一次出现的地方，并高亮显示。

④ 如果要查找多处,可以继续单击"查找下一处"按钮,即可向下依次查找。

⑤ 单击"取消"按钮,关闭"查找与替换"对话框结束查找。

2. 替换文本

替换文本的操作步骤如下:

① 单击"开始"→"编辑"→"替换"按钮,弹出"查找和替换"对话框,如图4-19所示。

图4-19 "查找和替换"对话框-替换选项卡

② 在"查找内容"文本框中输入将要查找的文本。

③ 在"替换为"文本框中输入替换的文字,系统将光标移动到查找内容第一次出现的地方,并高亮显示。

④ 如果要替换已查找到的内容,则单击"替换"按钮;如果不替换则单击"查找下一处"按钮。同时,光标将移动到查找内容下一次出现的地方,并高亮显示。此步骤可重复至全部文档的搜索。

如果要一次性替换文档中的全部被替换对象,可单击"全部替换"按钮,系统将自动替换全部内容。替换完成后,系统将弹出提示框。

⑤ 单击"取消"按钮,关闭"查找与替换"对话框结束替换。

 注意

可对"查找内容""替换为"文本框的文本内容设置字体、段落等格式。

4.5.6　撤销与重复

Word提供了非常有用的撤销与重复操作功能。撤销操作是将编辑状态恢复到刚刚所做的插入、删除、复制或移动等操作之前的状态;重复操作是撤销操作的逆过程,使最近一次撤销操作失效,恢复到撤销操作之前的状态。

1. 撤销操作

单击快速访问工具栏上的"撤销"按钮(↺),即可撤销前一次操作。

2. 重复操作

单击快速访问工具栏上的"重复"按钮(↻),即可恢复前一次撤销的操作。

Word允许撤销多步操作,也就是说,可以回退若干步操作。只要连续单击"撤销"按钮,或单击"撤销"按钮右侧的向下箭头,从下拉列表中选择要撤销的多步操作。

4.6　文档的排版

4.6.1　字体格式

Word 2016可以对文档的字体格式进行灵活设置,选择合适的字体格式,可以使整个文档版面显得协调美观。在 Word 2016中,字体格式包括字体、字号、字形、颜色、字符间距等,可利用"开始"→"字体"功能组命令设置字体格式。"字体"功能组的按钮主要有:

(1)"字体"下拉列表框(宋体 ▾)或"字号"下拉列表框(五号 ▾)。从下拉列表框中可以为选中的文本或将要输入的文本选择字体或字号。

(2)"加粗"按钮(**B**)、"倾斜"按钮(*I*)或"下划线"按钮(U)。为选中的文本或将要输入的文本设置或取消粗体、斜体或下划线。单击下划线按钮右侧的箭头可以弹出下划线类型下拉列表,可选择下划线类型和设置下划线颜色。

(3)"字符边框"按钮(A)或"字符底纹"按钮(A)。为选中的文本或将要输入的文本加上或取消字符边框或底纹。

(4)"突出显示"按钮(✑)。为选中的文本或将要输入的文本设置背景底色,突出显示文字,可单击右按钮侧的箭头选择不同的颜色。

(5)"字体颜色"按钮(A)。为选中的文本或将要输入的文本设置字体颜色,可单击按钮右侧的箭头选择不同的颜色。

(6)"字体"格式。"字体"功能组只包含几个常用的字体格式设置按钮,而"字体"对话框则拥有很丰富的字体格式设置功能,具体操作步骤如下:

① 单击"开始"→"字体"的对话框启动按钮,弹出"字体"对话框,如图4-20所示。

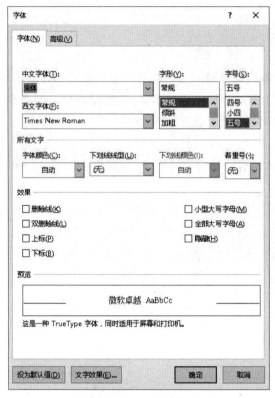

图 4-20 "字体"对话框

② 在"字体"选项卡中,可设置字体的基本格式;在"高级"选项卡,可精确设置字符的显示比例、间距和位置等。

③ 单击"确定"按钮,字体格式设置完成。

4.6.2 段落格式

段落是指以段落标记符为结束标记的一段文字。段落格式设置即把整个段落作为一个整体进行格式设置,主要包括段落的对齐方式、段落缩进、行距和段间距等设置。

设置段落格式时,通常不必选定整个段落,只需将插入点置于段落中任意位置即可。如果需要同时对多个段落进行设置,则应选定这些段落。

1. 设置对齐方式

Word 2016 提供了左对齐、居中、右对齐、分散对齐和两端对齐 5 种方式,可利用"开始"→"段落"功能组命令设置段落格式。

(1)"段落"功能组的段落格式设置功能具体设置方法如下:

① 将插入点置于要设置对齐方式的段落中或者选定多个段落。

② 根据设置要求,单击"段落"功能组中的"两端对齐"按钮(≡),或"左对齐"按钮(≡),或"居中"按钮(≡),或"右对齐"按钮(≡),或"分散对齐"按钮(≣),即可快速完成

设置。

默认情况下,段落对齐方式为左对齐。另外,利用"两端对齐"按钮也可以实现左对齐。

"段落"功能组只包含几个常用的段落格式设置按钮,而"段落"对话框则拥有很丰富的段落格式设置功能。

(2)"段落"对话框的段落格式设置功能。具体操作步骤如下:

① 将插入点置于要设置对齐方式的段落中或者选定多个段落。

② 单击"开始"→"段落"的对话框启动按钮,弹出"段落"对话框,如图4-21所示。

图4-21　"段落"对话框

③ 在"常规"选区中的"对齐方式"下拉列表中选择合适的对齐方式。

④ 单击"确定"按钮。

2. 设置缩进

设置段落的缩进可以使文档中段落层次分明,便于阅读。段落缩进一般包括首行缩进、悬挂缩进、左缩进和右缩进,具体的设置方法主要有以下3种:

(1)利用功能组命令设置段落缩进。可利用"开始"→"段落"功能组命令设置段落格式,具体设置方法如下:

① 将插入点置于要设置段落缩进的段落中或者选定多个段落。

② 根据设置要求,单击"开始"→"段落"功能组中的"减小缩进量"按钮(🔁),或"增加

缩进量"按钮(▤),即可快速设置段落缩进增加或减少一个默认制表位的距离。

(2)利用"段落"对话框设置段落缩进。

① 将插入点置于要设置段落缩进的段落中或者选定多个段落。

② 单击"开始"→"段落"的对话框启动按钮,弹出"段落"对话框,如图4-21所示。

③ 在"缩进"选区中的"左"和"右"微调框中设置它的缩进量。在"特殊格式"下拉列表中选择缩进方式(无、首行缩进和悬挂缩进),选择缩进时在"度量值"微调框中设置它的具体缩进量。

④ 单击"确定"按钮,完成段落缩进设置。

(3)利用标尺设置段落缩进。单击选中"视图"→"显示"中的"导航窗格"选项,可在窗口显示标尺。图4-22所示为水平标尺,标尺上有首行缩进、左缩进、悬挂缩进和右缩进4个小滑块。

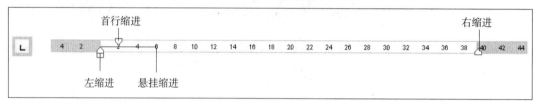

图4-22　水平标尺

具体设置方法如下:

① 将插入点置于要设置段落缩进的段落中或者选定多个段落。

② 根据设置要求,用鼠标拖动代表4种缩进方式的4个小滑块中的一个,就可以按照相应的缩进方式进行缩进量的调整。

3. 设置间距

间距包括段落与段落之间的间距、行与行之间的间距两种,具体操作步骤如下:

① 将插入点置于要设置段落间距的段落中或者选定多个段落。

② 单击"开始"→"段落"的对话框启动按钮,弹出"段落"对话框,如图4-21所示。

③ 在"间距"选区中的"段前"和"段后"微调框中输入所需的段前值、段后值。在"行距"下拉列表中选择所需的行距,也可以在"设置值"微调框中输入具体的数值。

④ 单击"确定"按钮,完成段落间距设置。

【例2】　对【例1】中输入的文本设置字体格式和段落格式,如图4-23所示。

(1)选择第一行文字,单击"开始"→"字体"→"字体"下拉列表框右侧的向下箭头,从下拉列表中选择"楷体";单击"开始"→"字体"→"字号"下拉列表框右侧的向下箭头,从下拉列表中选择"四号";单击"开始"→"段落"→"居中"按钮。

(2)把插入点置于第一行,单击"开始"→"段落"的对话框启动按钮,在"段落"对话框的"间距"选区中的"段前"和"段后"微调框中输入18磅。

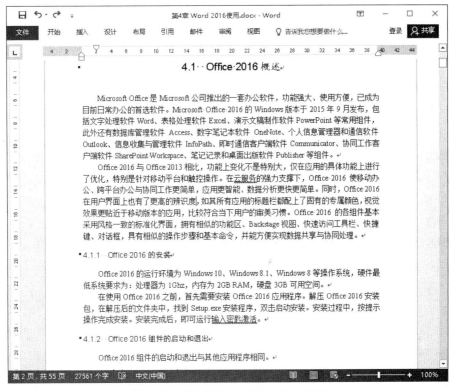

图4-23　字体格式、段落格式设置示例

（3）选择第二、三、五、六、八段落，单击"开始"→"段落"的对话框启动按钮，在"缩进"选区中的"特殊格式"下拉列表中选择"首行缩进"，在"磅值"微调框中设置"2个字符"。

（4）选择第四、七段落，单击"开始"→"字体"→"字体"下拉列表框右侧的向下箭头，从下拉列表中选择"方正姚体"；单击"开始"→"字体"→"字号"下拉列表框右侧的向下箭头，从下拉列表中选择"五号"。单击"开始"→"段落"的对话框启动按钮，在"段落"对话框的"间距"选区中的"段前"和"段后"微调框中输入12磅。

4.6.3　其他常用排版方式

Word 2016还提供了许多排版功能，如设置边框和底纹、添加项目符号和编号、分栏排版、文档分节、设置制表位、设置首字下沉等，可以使文档排版更专业、更美观。

1. 设置边框和底纹

在 Word 2016中，可以给页面、文本和段落设置边框和底纹，也可以为表格设置边框和底纹，其具体操作步骤如下：

① 单击"设计"→"页面背景"→"页面边框"按钮，弹出"边框和底纹"对话框，如图4-24所示。

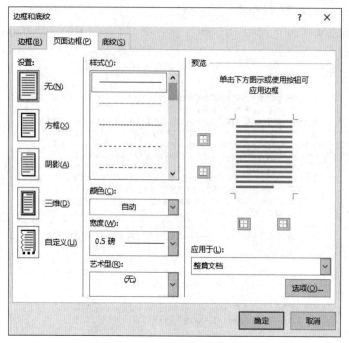

图4-24 "边框和底纹"对话框

② 在"页面边框"标签中可以为页面设置边框,在"设置"选区中选择一种边框设置;在"样式"列表框选择一种边框线形;在"颜色"下拉列表中选择边框的颜色;在"宽度"下拉列表中选择线形的宽度;在"应用于"下拉列表框中可设置页面边框的应用范围。

③ 如果要给文本、段落、表格设置边框,先选定要添加边框和底纹的文本或段落,或把光标移到要设置边框的表格中,单击"边框"标签,选择边框类型、边框线形、边框颜色和宽度,以及边框的应用范围即可。

④ 如果要设置底纹,则单击"底纹"标签,打开"底纹"选项卡,在"填充"选区中选择填充颜色;在"图案"选区中的"样式"和"颜色"下拉列表框中选择图案的样式和颜色;在"应用于"下拉列表框中可设置边框线的应用范围。

⑤ 单击"确定"按钮,设置完成。

2. 项目符号和编号

在排版文档时,有时在某些段落前需要加上编号或者某种特定的符号,使文档的层次结构更加清晰、更有条理,以提高文档的可读性。Word 2016提供了自动添加编号和项目符号的功能,可以快速实现为段落创建项目符号或编号。

(1)在输入文本时自动创建项目符号或编号。其具体的操作方法如下:

① 输入项目符号,如"*",或输入编号,如"1.";然后按"Space" 空格键或者"Tab"键。

② 输入一项文本内容后,按"Enter" 键,即自动添加下一个项目符号或编号。

③ 输入完毕后,连续按两次"Enter" 键,可自动结束添加项目符号和编号的操作。

(2)给已有文本添加项目符号或编号。添加项目符号或编号最简单的方法:选中需要添加项目符号或编号的文本,然后单击"开始"→"段落"的"项目符号"按钮(⋮☰)或"编号"按钮(⅓☰),即可加入最近使用过的项目符号或编号。

如果要为已有文本添加其他的编号,可以按照下述步骤进行操作:

① 选中需要添加项目符号或编号的文本。

② 单击"开始"→"段落"的"项目符号"或"编号"等按钮右侧的向下箭头,从下拉列表中选择项目符号样式,或自定义新项目符号。

(3)删除项目符号和编号。其具体的操作方法如下:

① 选定要删除项目符号或编号的文本,单击"开始"→"段落"的相应"项目符号"或"编号"按钮即可。

② 如果只是删除单个项目符号或编号,则选中该项目符号或编号后,按"Backspace"键或"Delete"键即可。

4.6.4 使用格式刷复制格式

在打开的一个文档中或在多个文档之间,Word 2016提供了快速复制格式信息的格式刷功能,可以将一个段落或字符的格式信息快速地应用到其他段落或字符中,减少设置段落或字符格式的重复操作。

如果需要把一个文档中不连续的文本或段落、不同文档的文本或段落设置为相同格式,可以使用格式刷快速实现字符或段落格式的复制,具体操作步骤如下:

① 若复制字符格式,则选定用于复制字符格式的源文本;若复制段落格式,则将插入点置于用于复制段落格式的源段落中。

② 单击(只能进行一次格式复制操作)或双击(可重复格式复制操作)"开始"→"剪贴板"中的"格式刷"按钮( ),此时鼠标指针变成一个刷子形状( )。

③ 将鼠标移动到需格式化的目标文本或段落处,单击或按住左键拖动,此时单击过的或拖动鼠标经过的目标文本或段落都自动与源文本或段落保持相同格式。

④ 如果在步骤②中选择的操作是单击,则释放鼠标左键即结束格式复制操作;如果在步骤②中选择的操作是双击,则可以重复进行格式的复制,直到再次单击"格式刷"按钮或按"Esc"键取消格式刷操作。

4.7 图文混排

Word 2016具有强大的图文混排功能,可以将多种来源的图片和剪贴画插入或复制到文档中,使文档更加生动活泼、图文并茂。

4.7.1 插图

在文档中可插入丰富的图形对象,如联机图片、形状、SmartArt、图表、屏幕截图等。

1. 插入文件中的图片

将文件中的图片插入到文档中的具体操作步骤如下:

① 将插入点定位在要插入图片的位置。

② 单击"插入"→"插图"→"图片"→"此设备"按钮(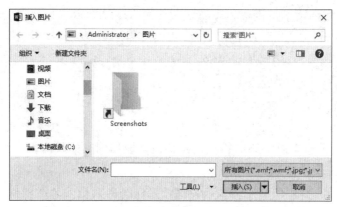),弹出"插入图片"对话框,如图4-25所示。

③ 选择图片文件所在的文件夹,选定该文件夹中的一个图片文件,此时图片文件的文件名将在"文件名"文本框中显示出来。

④ 单击"插入"按钮,即可将选定的图片文件插入到文档中。

图4-25 "插入图片"对话框

2. 插入联机图片

Word 2016可以方便地将网络联机图片插入到文档中,具体操作步骤如下:

① 将插入点定位在要插入联机图片的位置。

② 单击"插入"→"插图"→"图片"→"联机图片"按钮( ),打开"插入图片"对话框,如图4-26左图所示。

③ 输入搜索关键字后,单击即可自动搜索。

④ 在弹出的"联机图片"对话框中,选择需要的图片,单击"插入"按钮即可将图片插入到文档中,如图4-26右图所示。

图4-26 "联机图片"对话框

3. 插入SmartArt图形

SmartArt图形是信息的可视表示形式,Word 2016提供多种不同的SmartArt图形布局,从而快速轻松地创建具有设计师水准的插图,具体操作步骤如下:

① 将插入点定位在要插入SmartArt图形的位置。

② 单击"插入"→"插图"→"SmartArt"按钮(),打开"选择SmartArt图形"对话框,如图4-27所示。

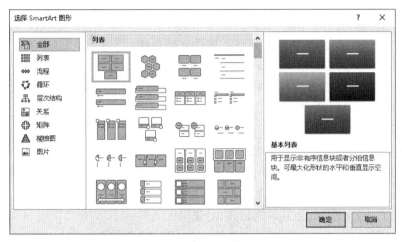

图4-27　"选择SmartArt图形"对话框

③ 单击选择所需的类型和布局,如"层次结构"的"组织结构图",即可插入SmartArt图形,如图4-28所示。

④ 在SmartArt图形左侧箭头,可打开文本窗格,添加文字。

⑤ 单击"SmartArt工具/设计""SmartArt工具/格式"选项卡提供的功能组,对SmartArt图形进行设计调整和格式设置,如添加或删除形状、更改颜色、样式等。

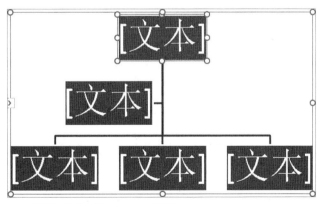

图4-28　"组织结构图"SmartArt图形

4.7.2 编辑图片

单击要编辑的图片,图片的四周会出现8个控点,同时会显示"图片工具"选项卡。

1. 缩放图片

缩放图片是将图片整体地按比例缩小或放大,具体操作步骤如下:

(1)使用鼠标拖动缩放。

① 单击需缩放的图片,使其四周出现8个控点。

② 若要横向或纵向缩放图片,则将鼠标指针指向图片左右、上下、四角的任意一个控点上,鼠标指针将变成空心双向箭头。

③ 按住鼠标左键,沿缩放方向拖动鼠标,Word会用虚线框来表示缩放的大小。

④ 当虚线框到达需要的大小时,释放鼠标左键。

(2)使用"图片工具/格式"选项卡精确缩放。

① 单击需缩放的图片,使其四周出现8个控点。

② 单击"图片工具/格式"→"大小"→"形状高度"或"形状宽度"精确设置。

(3)使用"布局"对话框精确缩放。

① 单击需缩放的图片,使其四周出现8个控点。

② 单击右键选择快捷菜单"大小和位置"命令,弹出"布局"对话框,如图4-29所示。

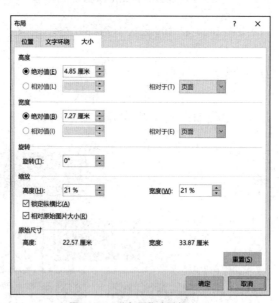

图 4-29 "布局"对话框

③ 在"高度"和"宽度"选区可以分别输入图片的高度和宽度值;在"缩放"选区可设置图片的纵向和横向缩放比例,若不选中"锁定纵横比"复选框,则可分别设置纵、横向缩放比例。

④ 单击"确定"按钮,完成图片的缩放。

2. 裁剪图片

如果只需要显示图片的某个部分,可把多余的部分裁剪掉,其操作步骤如下:

（1）使用鼠标拖动裁剪。

① 单击需裁剪的图片,使其四周出现8个控点。

② 单击"图片工具/格式"→"大小"→"裁剪"按钮(▦ᶀ),将鼠标指针指向图片的某个控点,单击使鼠标指针形状变为(┳ 或 ┻ 或 ┫ 或 ┣ 或 ╚ 或 ╝ 或 ╔ 或 ╗)时拖动鼠标,可以隐藏图片的部分区域或增大图片周围的空白区域。

③ 再次单击"裁剪"按钮或单击图片外任意位置,可完成图片的裁剪。

（2）使用"设置图片格式"对话框精确裁剪。

① 单击要缩放的图片,使其四周出现8个控点。

② 单击"图片工具/格式"→"图片样式"功能组右下角的对话框启动按钮,或单击右键选择快捷菜单"设置图片格式"命令,打开"设置图片格式"窗格,单击"图片"按钮,如图4-30所示。

图4-30 "设置图片格式"任务窗格

③ 设置图片四周的剪切尺寸,单击"关闭"按钮,完成图片的裁剪。

注意

被裁剪的图片部分只是被隐藏而已,并没有真正被删除,可以重新设置或裁剪使其显示。

4.7.3 设置图片格式

1. 环绕方式

在 Word 2016 中,刚插入到文档的图片属于嵌入型图片,排版方式类似于文字,既不能任意移动位置,也不能叠放或环绕文字。改变图片的环绕方式,可以按照以下方法操作:

（1）利用"环绕文字"按钮设置环绕方式。

① 单击需设置环绕方式的图片,使其四周出现8个控点。

② 单击"图片工具/格式"→"排列"→"环绕文字"按钮()下方的箭头,出现图4-31所示的"环绕文字"列表。

③ 在"环绕文字"列表中选择所需的环绕方式,如"四周型环绕"。

(2)利用"布局"对话框设置环绕方式。

① 单击需设置环绕方式的图片,使其四周出现8个控点。

② 单击"图片工具/格式"→"排列"→"位置"或"环绕文字"→"其他布局选项",或单击右键选择快捷菜单"环绕文字"下的"其他布局选项"命令,弹出"布局"对话框。

③ 单击"文字环绕"标签(图4-32),在"文字环绕"选项卡的"环绕方式"选区选择文字与图片的环绕方式。

图4-31 "环绕文字"列表

图4-32 "布局"对话框

④ 单击"确定"按钮,完成图片的环绕方式设置。

2.图片格式

使用"图片工具/格式"功能区或"设置图片格式"对话框就可以设置图片的图片格式。

(1)利用"图片工具/格式"功能区设置图片格式。利用"图片工具/格式"功能区可以快速设置图片的格式,具体操作步骤如下:

① 单击需设置图片格式的图片,使其四周出现8个控点。

② 单击"图片工具/格式"功能区提供的各种功能按钮完成图片格式设置。

(2)利用"设置图片格式"对话框设置图片格式。

① 单击需设置图片格式的图片,使其四周出现8个控点。

② 单击"图片工具/格式"→"图片样式"功能组右下角的对话框启动按钮,或单击右键选择快捷菜单"设置图片格式"命令,弹出"设置图片格式"任务窗格,如图4-30所示。

③ 设置填充、线形、线条颜色、图片颜色等属性。

4.7.4 艺术字与文本框

1. 艺术字

在 Word 2016中,艺术字是一种图形对象,可以用"图片工具/格式"功能区实现设置效果。

(1)插入艺术字。具体操作步骤如下:

① 将插入点定位在要插入艺术字的位置。

② 单击"插入"→"文本"→"艺术字"按钮(🅰),弹出"艺术字"列表,如图4-33所示。

③ 选择一种"艺术字"样式,插入"艺术字"文字编辑框(图4-34),输入需要插入的艺术字即可。

图4-33 "艺术字"列表

图4-34 编辑"艺术字"文字

(2)艺术字格式设置。文档中插入艺术字后,单击艺术字,可利用"绘图工具/格式"功能区对艺术字进行编辑和设置。

单击"绘图工具/格式"→"艺术字样式"功能组右下角的对话框启动按钮,弹出图4-35所示"设置形状格式"任务窗格。类似"设置图片格式"任务窗格,在"形状选项"和"文本选项"选项卡中对艺术字格式进行精确的设置。

图4-35 "设置形状格式"任务窗格

2. 文本框

文本框作为一种容器,是一种图形对象,能将文字、图形、图片、表格等对象定位到文档页面的任意位置。

(1)插入文本框。具体操作步骤如下:

① 单击"插入"→"文本"→"文本框"按钮(图),弹出"文本框"列表,如图4-36所示。

② 选择一种"文本框"样式,如选择"简单文本框",插入图4-37所示文本框,就可以在文本框中输入文字等内容。

③ 输入结束,单击文本框以外的任意位置即可。

图4-36 "文本框"列表

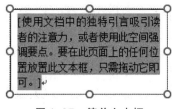

图4-37 简单文本框

(2)文本框的调整和设置。

① 单击要调整的文本框,使其四周出现8个控点,按住鼠标左键拖动控点,可以调整文本框的大小。

② 将鼠标指针指向文本框的边框,当鼠标指针形状变为( )时,按住鼠标左键拖动,可以调整文本框的位置。

③ 单击"绘图工具/格式"→"形状样式"功能组右下角的对话框启动按钮,弹出"设置形状格式"任务窗格。与艺术字格式设置一样,"设置形状格式"任务窗格可以对文本框进行格式设置。

(3)链接文本框。在文档中可以绘制多个文本框,还可以在文本框之间创建链接,把一个文本框装不下的文字自动移到另一个文本框中,具体操作步骤如下:

① 在文档中创建多个空白文本框。

② 选中第一个文本框,单击"绘图工具/格式"→"文本"→"创建链接"按钮(创建链接),此时鼠标指针形状变为( )。

③ 将鼠标指针移至需要链接的下一个文本框中,此时鼠标指针形状变为(🎨),单击鼠标左键,即创建了两个文本框的链接。

④ 将光标定位在第一个文本框中,输入文本,当第一个文本框排满后,超出的文字将自动转入下一个文本框中。

单击"绘图工具/格式"→"文本"→"断开链接"按钮(🔗 断开链接),可以断开文本框的链接。

4.7.5 绘制图形

Word 2016提供了一套强大的图形绘制功能,使用户可以在文档中轻松绘制各种图形,并能为绘制的图形设置各种效果。

1. 绘制图形

绘制图形的基本操作方法如下:

单击"插入"→"插图"→"形状"(□▽)按钮,弹出图4-38所示下拉列表。选择需要绘制的形状,在需要绘制形状的开始位置按住鼠标左键并拖动到结束位置,然后释放鼠标左键,即可绘制出所需形状。

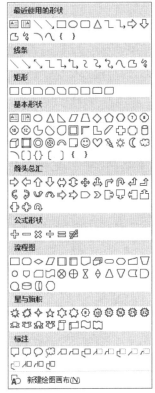

图4-38 "形状"下拉列表

> **注意**
>
> 如果要保持形状的高度和宽度成比例增大或缩小,则在拖动鼠标时按住"Shift"键即可。例如,单击"矩形"按钮,按住"Shift"键并拖动即可绘制正方形;单击"椭圆"按钮,按住"Shift"键并拖动即可绘制圆形。

2. 编辑图形

简单绘制图形后,经常还需要对图形进行编辑和调整,以便达到美观协调的图形效果。

(1)选定图形。对图形进行操作之前,必须先选定要操作的图形。选定单个图形对象,只需用鼠标单击该图形即可。选定多个图形对象,则在按住"Shift"键的同时,分别单击每个图形对象。

(2)移动或复制图形。选定图形对象之后,当鼠标移到图形对象的边框上(不要指向控点),使鼠标指针变成(➹),按住鼠标左键拖动即可移动图形对象。如果在拖动过程中按住"Shift"键,可使图形对象只做横向或纵向移动;如果在拖动过程中按住"Ctrl"键,则可复制图形对象。

(3)旋转或翻转图形。选定图形对象后,单击"绘图工具/格式"→"排列"→"旋转"按钮(🔄 旋转▾),弹出"旋转"列表,如图4-39所示,选择相应命令可以实现图形对象的各

🔃	向右旋转 90 度(R)
🔃	向左旋转 90°(L)
◁	垂直翻转(V)
◢	水平翻转(H)
⊞	其他旋转选项(M)...

图4-39 "旋转"列表

种旋转。

（4）在图形中加入文字。在封闭的图形对象中添加文字,需将鼠标拖动到添加文字的图形对象上右击,从弹出的快捷菜单中选择"添加文字"命令,此时插入点出现在图形的内部,即可输入文字。最后,单击该图形对象之外的任何地方停止文字输入。

3. 设置图形格式

选定图形对象后,单击"绘图工具/格式"→"形状样式"功能组右下角的对话框启动按钮,或单击鼠标右键,从弹出的快捷菜单中选择"设置形状格式"命令,弹出如图4-40所示的"设置形状格式"任务窗格。类似"设置图片格式"任务窗格,"设置形状格式"任务窗格可以对图形格式进行各种设置,如填充、线条、箭头等。

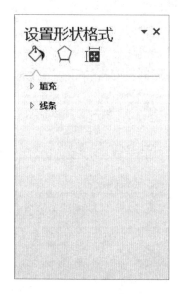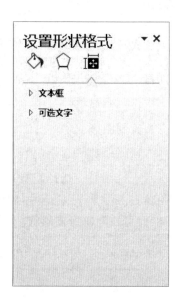

图4-40 "设置形状格式"任务窗格

4. 组合图形

可以将多个图形对象组合成一个大图形对象,也可以将组合后的大图形对象重新拆分为组合前的几个小图形对象。

（1）组合图形的方法。选定要进行组合的图形对象,单击"绘图工具/格式"→"排列"→"组合"按钮(组合),从弹出的菜单中选择"组合"命令,即可组合成一个大图形对象。

（2）取消图形的组合。单击组合后的大图形对象,单击"绘图工具/格式"→"排列"→"组合"按钮,从弹出的菜单中选择"取消组合"命令,即可拆分成原来的几个小图形对象。

5. 设置图形叠放次序

在添加图形对象时,系统默认按照先后顺序叠放。如果需要显示被遮盖了的某个图形对象,就需要调整叠放次序。

选定需调整次序的图形对象,单击"绘图工具/格式"→"排列"→"上移一层"或"下移一层"按钮,从弹出的列表中选择相应的命令,调整该图形对象的叠放次序即可。

4.8 表格和图表

4.8.1 表格的基本操作

Word 2016具有强大的表格和图表处理功能,可以在文档中快速创建各种表格和图表,灵活设置表格格式,同时还具有简单的数据处理功能。利用Word表格和图表功能,能使文档简洁、直观、清晰及严谨地表现各种复杂的信息。

1. 创建表格

可以通过以下5种方式来创建表格:

(1)使用表格模板创建表格。从一组预设格式的表格中选择,或选择需要的行数和列数,具体操作步骤如下:

① 将插入点定位在要插入表格的位置。

② 单击"插入"→"表格"→"表格"按钮,打开图4-41所示下拉列表,鼠标指向"快速表格",弹出图4-42所示内置表格模板样式,再单击需要的模板即可。

图4-41 "表格"下拉列表

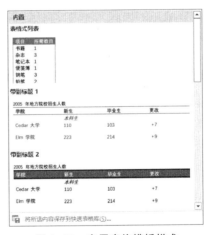

图4-42 内置表格模板样式

(2)使用拖动鼠标方式创建表格。

① 将插入点定位在要插入表格的位置。

② 单击"插入"→"表格"→"表格"按钮,打开图4-41所示下拉列表,然后在"插入表格"下方格子上拖动鼠标以选择需要的行数和列数,释放鼠标,即可在插入点处插入指定行列数的表格。

(3)使用"插入表格"对话框创建表格。

① 将插入点定位在要插入表格的位置。

② 单击"插入"→"表格"→"表格"按钮,打开图4-41所示下拉列表,然后单击"插入表

格"命令,打开图4-43所示"插入表格"对话框。

③ 在"表格尺寸"选区中的"列数"和"行数"微调框中分别输入表格的列数和行数;在"'自动调整'操作"选区中做相应的设置。

④ 单击"确定"按钮,即可在文档中插入所需的表格。

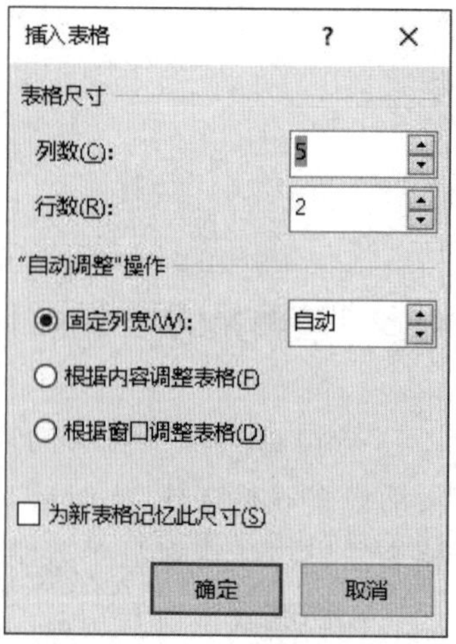

（4）使用绘制表格的方式创建表格。上述方法创建的表格都是简单的规则表格,如果要绘制一个复杂的表格,则可使用绘制表格的方法。具体操作步骤如下:

① 单击要创建表格的位置。

② 单击"插入"→"表格"→"表格"按钮,打开图4-41所示下拉列表,然后单击"绘制表格",此时鼠标指针形状变成铅笔状(✐)。

③ 现在就可以在文档中拖动鼠标绘制一个矩形作为表格外围边框,然后在该矩形内绘制表内横线和竖线等表格线。

④ 要擦除一条线或多条线,可单击"表格工具/布局"→"绘图"→"橡皮擦"按钮(🧽),鼠标指针形状变成✐,将鼠标移至需要擦除的线段,然后按下鼠标左键从线段的一端拖至另一端即可擦除画错的线条。

⑤ 表格绘制完成后,再次单击"绘制表格"按钮,即可结束表格的绘制。

（5）将文字转换成表格。

Word 2016可以把已经输入的文字转换成表格。在将文字转换成表格之前,应该确定已经在文字之间添加了统一的分隔符,如段落标记、制表符、逗号和空格等,以便在转换时将文字依序放在不同的单元格中。将文字转换成表格的具体操作步骤如下:

① 在需要转换成表格的文字之间用统一的分隔符(如制表符)进行分隔。

② 选定需转换成表格的文字。

③ 单击"插入"→"表格"→"表格"按钮,打开图4-41所示下拉列表,然后单击"文本转换成表格"命令,打开"将文字转换成表格"对话框,如图4-44所示。

④ 设置"将文字转换成表格"对话框中的选项后,单击"确定"按钮,即可完成表格的转换。

图4-43 "插入表格"对话框

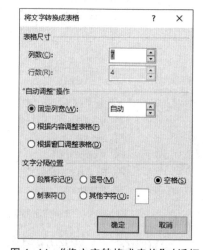

图4-44 "将文字转换成表格"对话框

Word 2016除了可以将文本转换成表格,还可以将表格转换成文本。可单击"表格工具/布局"→"数据"→"转换成文本"命令,将所选表格转换成文本。

2. 编辑表格

有时我们需要对已创建的表格做一些编辑调整,如插入或删除行、插入或删除列、合并或拆分单元格、合并或拆分表格等,以符合用户的实际需要。

（1）选定行、列、单元格和表格。在对表格进行编辑之前，首先必须先选定被编辑的表格对象，如行、列、单元格或表。

① 选定行：把插入点置于要选定的行中，单击"表格工具/布局"→"表"→"选择"→"选择行"命令；或将鼠标移至该行某单元格的左边框，当鼠标指针形状变成(➚)时双击；或将鼠标移至该行选定栏，即当鼠标指针形状变成(➘)时单击，都可以选定该行。

② 选定列：把插入点置于要选定的列中，单击"表格工具/布局"→"表"→"选择"→"选择列"命令；或将鼠标移至该列的顶端边框，当鼠标指针形状变成(⬇)时单击，都可以选定该列。

> 🔖 **注意**
>
> 在选定行和列时，按住"Shift"键可以选定连续的行和列，按住"Ctrl"键可以选定不连续的行和列。

③ 选定单元格：把插入点置于要选定的单元格中，单击"表格工具/布局"→"表"→"选择"→"选择单元格"命令；或将鼠标移至单元格的左边框，当鼠标指针形状变成(➚)时单击，都可以选定该单元格。

④ 选定表格：把插入点置于要选定的表格中，单击"表格工具/布局"→"表"→"选择"→"选择表格"命令；或单击表格左上角的移动控点(⊞)，都可以选定表格。

（2）插入行、列和单元格。

① 插入行或列：将插入点置于与需要插入的行或列相邻的行或列中，单击"表格工具/布局"→"行和列"→相应的插入按钮；或单击鼠标右键，再在弹出的快捷菜单列表"插入"选项中选择相应的插入命令，都可以插入行或列。

② 插入单元格：将插入点置于与需要插入的单元格相邻的单元格中，单击"表格工具/布局"→"行和列"功能组右下角的对话框启动按钮；或单击鼠标右键，再在弹出的快捷菜单列表项中选择"插入"选项的"插入单元格"命令，可以打开图4-45所示"插入单元格"对话框，选择合适的插入方式后，单击"确定"按钮即可。

（3）删除行、列、单元格。

① 删除行或列：选定要删除的行或列，单击"表格工具/布局"→"行和列"→"删除"→相应的删除按钮，即可删除指定的行或列。

② 删除单元格：右击要删除的单元格，在弹出的快捷菜单中选择"删除单元格"命令，可以打开图4-46所示"删除单元格"对话框，选择合适的删除方式后，单击"确定"按钮即可。

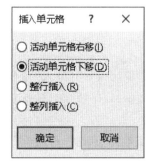   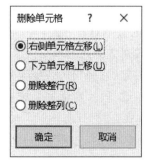

图4-45 "插入单元格"对话框   图4-46 "删除单元格"对话框

（4）合并或拆分单元格。合并单元格即可以将几个相邻的单元格合并为一个大单元格，与此相反，拆分单元格即可以将一个单元格拆分为几个相邻的小单元格。

① 合并单元格：选定需要合并的单元格，单击"表格工具/布局"→"合并"→相应的合并按钮；或单击鼠标右键，在弹出的快捷菜单中选择"合并单元格"命令，都可以合并单元格。

② 拆分单元格：选定需要拆分的单元格，单击"表格工具/布局"→"合并"→"拆分单元格"按钮；或单击鼠标右键，在弹出的快捷菜单中选择"拆分单元格"命令，都可以弹出"拆分单元格"对话框，分别在对话框的"行数"和"列数"微调框中输入行数和列数，单击"确定"按钮，即可完成拆分。

（5）拆分表格。拆分表格即把一个表格拆分成两个独立的表格，具体操作步骤：将插入点置于需要拆分表格的拆分分界处，单击"表格工具/布局"→"合并"→"拆分表格"按钮，则表格被拆分为两个：插入点所在行以上部分（不包括插入点所在行）为一个表格，插入点所在行以下部分（包括插入点所在行）为另一个表格。

（6）复制和删除表格。

① 复制表格：可以对表格进行全部或部分复制。与复制文字一样，选定要复制的表格，单击"开始"→"剪贴板"→"复制"按钮，将插入点定位到要粘贴表格的位置，单击"开始"→"剪贴板"→"粘贴"按钮即可。

② 删除表格：选定要删除的表格，单击"Backspace"键，即可删除表格。

4.8.2　设置表格格式

为了使制作的表格更加美观，可以对表格进行格式设置，如设置表格的文本格式、更改列宽与行高、移动和缩放表格及设置边框和底纹等。

1. 设置表格的文本格式

设置表格的文本格式与文档中普通文本一样，可利用"开始"→"字体"功能组按钮或"字体"对话框设置"字体"和"字号"等格式。

2. 设置对齐方式

（1）设置表格对齐方式。

① 将插入点置于需要调整对齐方式的表格中。

② 单击"表格工具/布局"→"表"→"属性"按钮；或单击鼠标右键，在弹出的快捷菜单中选择"表格属性"命令，都可以弹出图4-47所示的"表格属性"对话框，在"对齐方式"选区根据需要选择相应的选项，单击"确定"按钮即可。

（2）设置表格的文本对齐方式。

① 选定要设置对齐方式的单元格区域。

② 单击鼠标右键，在弹出的快捷菜单中选择"单元格对齐方式"命令，或单击"开始"→"段落"功能组按钮或"段落对话框"，或单击"表格工具/布局"→"对齐方式"→对齐方式按钮设置相应对齐方式。

如果只要改变单元格文本的水平位置，可直接单击"开始"→"段落"功能组按钮。

3. 调整表格的列宽和行高

调整表格列宽和行高的方法有以下几种：

（1）使用鼠标调整列宽和行高。

① 调整列宽：将鼠标移至需要调整列的边框，当鼠标指针形状变成（）时，按下鼠标左键拖动边框，边框左右两列的宽度会发生变化，表格总宽度不变；按下"Shift"键并拖动鼠标，边框左边一列的宽度发生改变，表格总宽度也随之改变；按下"Ctrl"键并拖动鼠标，边框左边一列的宽度发生改变，边框右边各列也发生均匀的变化，表格总宽度不变。

② 调整行高：将鼠标移至需要调整行的下边框，当鼠标指针形状变成（÷）时，拖动鼠标到合适的位置释放鼠标即可。

（2）利用"自动调整"菜单命令调整列宽和行高。

将插入点定位在需调整的表格中，单击"表格工具/布局"→"单元格大小"→"自动调整"按钮，从弹出的子菜单中选择一种合适的调整方式即可。

图 4-47　"表格属性"对话框

（3）利用"表格属性"菜单命令调整列宽和行高。

将插入点定位在需调整表格中，单击"表格工具/布局"→"表"→"表格属性"按钮，在"表格属性"对话框中，单击"列"标签，打开"列"选项卡，选中"指定宽度"复选框，输入具体的列宽值；单击"行"标签，打开"行"选项卡，选中"指定高度"复选框，输入具体的行高值；单击"确定"按钮，即可调整列宽和行高。

4. 移动和缩放表格

（1）缩放表格。将鼠标移至需缩放的表格，表格的右下角就会出现一个调整控点（□），当鼠标移向调整控点时，鼠标指针形状变成（↖），此时按住鼠标左键拖动至合适大小后，释放鼠标，即可完成表格的缩放。

（2）移动表格。将鼠标移至需移动的表格，表格的左上角就会出现一个移动控点（⊞），当鼠标移向移动控点时，鼠标指针形状变成（✛），此时按住鼠标左键拖动到所需的位置后，释放鼠标，即可完成表格的移动。

5. 表格样式

在 Word 2016 提供了多种表格的外观样式，用户可直接使用表格样式，其具体操作步骤如下：

① 将插入点定位在需要使用表格样式的表格中。

② 单击"表格工具/设计"→"表格样式"右侧的其他按钮，打开"表格样式"列表，如图 4-48 所示。

③ 在"表格样式"列表中选择一种表格样式，即可完成表格样式的自动套用。

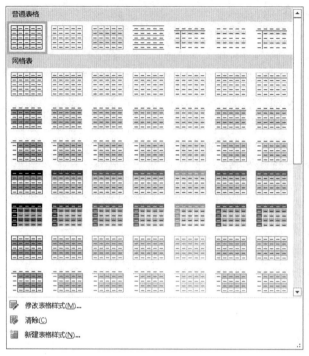

图 4-48 "表格样式"列表

4.8.3 表格数据的简单管理

Word 2016提供了对表格中的数据进行排序和计算等功能，以满足日常表格处理的需求。

1. 表格的排序

表格中的数据可根据字母、拼音、数字等升序或降序排列，具体操作步骤如下：

① 将插入点置于需排序的表格中。

② 单击"表格工具/布局"→"数据"→"排序"按钮，打开"排序"对话框，如图4-49所示。

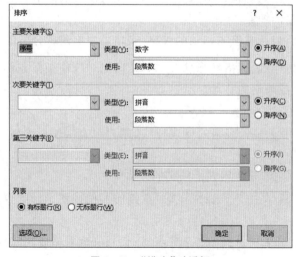

图4-49 "排序"对话框

③ 在"主要关键字"和"次要关键字"选区中进行相应的设置,选中"升序"或"降序"单选按钮。

④ 在"列表"选区选中"有标题行"或"无标题行"单选按钮。

⑤ 设置完成后,单击"确定"按钮,即可对表格进行排序。

2. 使用公式对表格数据进行计算

表格中的每个单元格以列、行名的组合而命名,其中列名用字母表示(第1列为a,第2列为b,……),行名用数字表示(第1行为1,第2行为2,……),如第一列的单元格命名为a1,a2,……使用公式对表格数据进行计算的具体操作步骤如下:

① 将插入点置于要放置计算结果的单元格中。

② 单击"表格工具/布局"→"数据"→"公式"按钮,打开"公式"对话框,如图4-50所示。

图4-50 "公式"对话框

③ 在"粘贴函数"下拉列表中选择所需要的函数。

④ 在"公式"对话框中输入所需使用的公式,如"=SUM(b2:c10)",表示对从第2列第2行单元格至第3列第10行单元格的单元格区域中的数值求总和。

⑤ 单击"确定"按钮,即可按公式计算出结果并显示在插入点所在单元格中。

注意

当表格中的数字发生变化时,可将光标置于计算结果单元格中选中结果数据,直接按"F9"键,或单击右键,在弹出的快捷菜单中选择"更新域",即可更新原来的计算结果。

4.8.4 创建与设置图表

用户既可以在图表环境中以各种方式制作数据表,然后产生图表,也可以在文档中先制作好数据表格,然后创建图表。

1. 创建图表

① 单击"插入"→"插图"→"图表"按钮,打开"插入图表"对话框(图4-51),选择所需图表的类型,然后单击"确定"按钮。

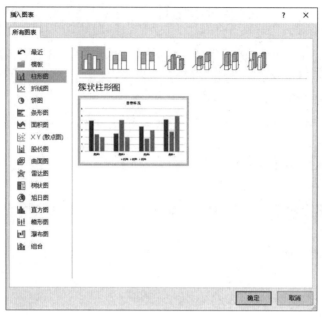

图 4-51 "插入图表"对话框

② 如图 4-52 所示,在打开的"Microsoft Word 中的图表"窗口中编辑数据,见表 4-4 的成绩统计表。

表 4-4 成绩统计表

数学成绩	人数
90~100 分	2
80~89 分	13
70~79 分	23
60~79 分	10
60 分以下	2

③ 编辑完数据后,即可关闭"Microsoft Word 中的图表"窗口,完成图表的插入。

2. 编辑图表

可使用命令按钮和快捷菜单方式对图表的类型、元素、大小进行设置。

（1）更改图表类型。在图表区域内单击鼠标右键,在弹出的快捷菜单中选择"更改图表类型"命令,或单击"图表工具/设计"→"类型"→"更改图表类型"按钮,都可以打开"更改图表类型"对话框,重新选择所需图表类型,单击"确定"按钮即可。

（2）设置图表元素。单击"图表工具/设计"功能区的各种功能按钮可设置图表标题、坐标轴、网格线、图例、数据标志等图表元素。设置标题的方法如下：

① 单击如图 4-52 所示"图表示例"的标题"人数",重新输入修改为"数学期末成绩分析"。

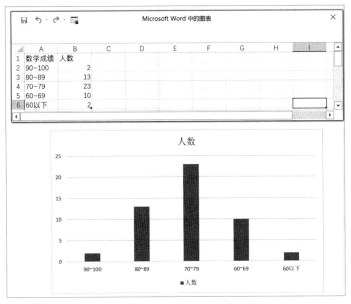

图4-52 插入"图表"示例

② 在图表区域内单击鼠标右键,在弹出的快捷菜单中选择"设置图表区域格式"命令,或单击"图表工具/设计"→"图表布局"→"添加图表元素"→"图表标题"→"更多标题选项"命令,打开"设置图表标题格式"任务窗格(图4-53),选择所需设置选项。

图4-53 "设置图表标题格式"任务窗格

4.9 样式和模板

样式和模板是Word 2016排版文档的重要工具。利用样式可以快速为文字和段落设置一组特定的格式,大大提高排版效率,保证格式的统一,并便于修改。利用模板可以避免大量繁琐的设置,轻松制作出传真、信函、会议等日常公文,也可以为自己定义一个富有个人特点的精美文档模板。

4.9.1 样式的创建、修改和应用

样式就是一系列预置的排版命令,通常应用于文档的标题、正文、目录、页眉页脚、页码等。样式分为字符样式和段落样式两种。字符样式是对文字外观的设置,如文字的字体、字号、加粗、倾斜等。段落样式是对段落外观的设置,如文本对齐、制表位、行间距、边框等。

1. 创建样式

如果 Word 内置的样式不能满足用户需要,可创建新的样式。具体创建方法如下:

① 单击"开始"→"样式"功能组右下角的对话框启动按钮,打开"样式"任务窗格,如图 4-54 所示。

② 单击"新建样式"按钮(),弹出"根据格式设置创建新样式"对话框,如图 4-55 所示。

图 4-54 "样式"对话框　　　　图 4-55 "根据格式设置创建新样式"对话框

③ 在"属性"选区中的"名称"文本框中输入新样式的名称,在"样式类型"下拉列表中选择"字符"或"段落"选项。

④ 在"样式基于"下拉列表框中选择一个基准样式,在"后续段落样式"下拉列表框中选择需要应用于下一段落的样式。

⑤ 单击"格式"按钮,弹出图 4-56 所示的"格式"下拉菜单,可选择设置相应的字符或段落等格式。

⑥ 如果选中"基于该模板的新文档"单选按钮,则新样式

图 4-56 "格式"下拉菜单

将被添加到当前使用的模板中,以后基于该模板创建的新文档都可以使用这个样式。如果选中"自动更新"复选框,则只要对应用此样式的段落重新定义了新格式,此样式将自动改变并更新活动文档中任何应用了此样式的段落。

⑦ 单击"确定"按钮,完成新样式的创建。

2. 应用样式

对文档中的文本和段落可以很方便地应用Word内建样式和用户创建样式,具体操作步骤如下:

① 如果应用段落样式,将插入点置于需应用样式段落的任意位置;如果应用字符样式,则选定需应用样式的文本。

② 单击"开始"→"样式"列表右侧的其他按钮,打开"样式"列表,如图4-57所示,从"样式"下拉列表中选择所需应用的样式;或单击"样式"列表中的"应用样式"命令,在图4-58所示"应用样式"任务窗格中选中要应用的样式即可。

图4-57　"样式"列表

图4-58　"应用样式"任务窗格

3. 修改样式

Word内建样式和用户创建样式都可以进行修改,具体操作步骤如下:

① 在图4-58所示"应用样式"任务窗格中,单击"修改"按钮,打开"修改样式"对话框,如图4-59所示。

② 在"修改样式"对话框中修改设置,设置方法与"根据格式设置创建新样式"对话框类似。

③ 单击"确定"按钮,完成样式的修改。

 注意

修改样式后,文档中所有应用了该样式的文本都会自动更新。

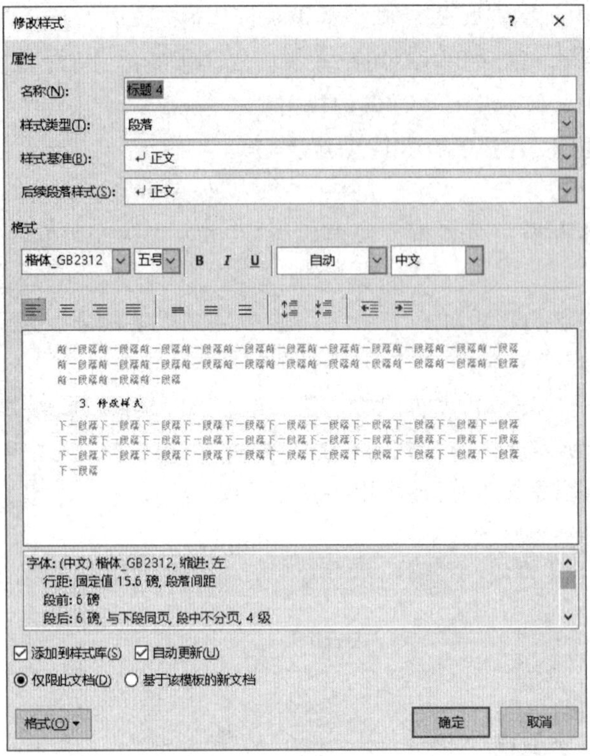

图4-59　"修改样式"对话框

4.9.2　模板的创建和应用

模板是由多个特定样式组合而成的一种框架，它包含了一系列的文字、样式等项目。每个 Word 文档都是在模板的基础上建立的，默认情况下 Word 基于 Normal 模板创建该文档。使用模板可以快速生成文档基本框架，使利用同一个模板生成的文档保持一致性，并使修改更为方便。

1. 创建模板

除了利用 Word 提供的模板创建文档，还可以创建自己的模板，将其保存在自己的计算机上以再次使用。具体操作步骤如下：

① 新建或打开作为模板的文档。

② 单击"文件"→"另存为"命令，打开图4-7右图所示"另存为"对话框，在"保存类型"下拉列表框中选择"Word模板"选项；在"文件名"文本框中输入模板的名字，如"教材编写模板"；在"保存类型"下拉列表框中选择所需位置。一般情况下，使用默认"文档"下的"自定义 Office 模板"文件夹。

③ 单击"保存"按钮，完成模板的创建。

2. 应用模板

利用自定义模板新建文档的方法，在4.3节中已经做了详细的介绍。这里介绍为文档选用一个新模板的方法，具体操作步骤如下：

① 打开要使用其他模板的文档。

② 单击"文件"→"选项",打开"Word选项"对话框,选择"加载项"选项,在"管理"选项框中选择"加载"选项,如图4-60所示。

图4-60　"Word选项"对话框

③ 单击"转到"按钮,打开"模板和加载项"对话框,如图4-61所示。

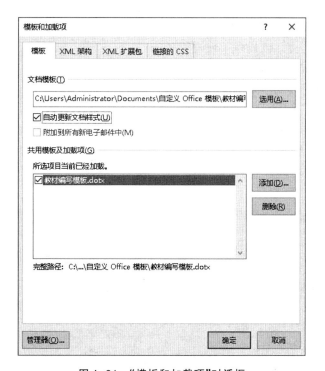

图4-61　"模板和加载项"对话框

④ 单击"选用"按钮,可以选择要应用的文档模板,选中"自动更新文档样式"复选框,则选用的模板会自动更新当前的文档样式。

⑤ 单击"确定"按钮,则当前文档自动应用该选用的模板。

3. 修改模板

要修改已有的模板,可以按照下述步骤进行操作:

① 单击"文件"→"打开"命令,打开如图4-8所示"打开"对话框。

② 从"文件类型"下拉列表框中选择"Word模板"选项,在"查找范围"列表框中找到存放模板的文件夹,然后找到并选择所需修改的模板,单击"打开"按钮,打开该模板。

③ 对打开的模板进行修改。

④ 单击"文件"→"保存"命令,保存模板。

4.10 打印输出

为了使文档有简洁、美观的打印效果,除了对文档进行编辑和格式化,还需要对文档的页面布局进行合理的设置。

4.10.1 页面设置

页面设置主要对文档的页边距、纸张、版式和文档网络等方面内容进行设置。单击"布局"→"页面设置"功能组相应按钮进行各项设置,或单击"布局"→"页面设置"功能组右下角的对话框启动按钮,弹出图4-62所示"页面设置"对话框。

页面设置的具体方法如下:

1. 设置页边距

① 单击"页边距"标签,打开"页边距"选项卡。

② 在"页边距"选区中的"上""下""左""右"等微调框中输入合适的数值。

③ 在"纸张方向"选区中选择文本打印的方向,在"页码范围"下拉列表框中选择一种页码范围方式,在"预览"选区中的"应用于"下拉列表框中选择所要应用的文档项目。

④ 单击"确定"按钮。

在页面视图中,也可以通过标尺调整页边距。标尺上的白色部分表示页面的宽度,两端的灰色部分表示页边距。将鼠标指针移向白色与灰色的交界处,待鼠标指针形状变

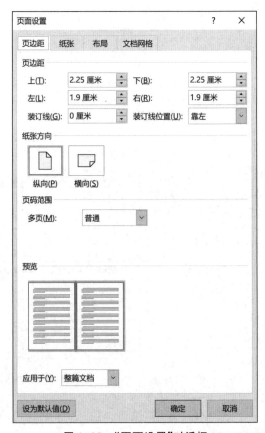

图4-62 "页面设置"对话框

成空心双向箭头时,按住鼠标左键拖动即可调整页边距。

2. 设置纸张

① 单击"纸张"标签,打开"纸张"选项卡。

② 在"纸张大小"选区的下拉列表中选择纸张大小,或在"宽度"和"高度"微调框中输入具体的数值。

③ 在"纸张来源"选区域中设置打印时纸张的进纸方式,在"应用于"下拉列表中选择当前设置的应用范围。

④ 单击"确定"按钮。

3. 设置布局

① 单击"布局"标签,打开"布局"选项卡。

② 在"节"选区"节的起始位置"下拉列表框选择文档中节的起始位置。

③ 在"页眉和页脚"选区的"页眉""页脚"微调框中,输入页眉和页脚距页面两端的距离,根据情况设置"奇偶页不同"和"首页不同"。

④ 单击"行号"按钮,在"行号"对话框选中"添加行号"复选框,在"起始编号""距正文"和"行号间隔"微调框中选择或输入相应的数值;在"编号"选项中根据需要选择一种编号方式。

⑤ 单击"边框"按钮,在"边框和底纹"对话框中,根据需要设置边框和底纹。

⑥ 单击"确定"按钮。

4. 设置文档网格

页边距和纸张设置完成后,可以根据需要使用文档网格调整每行的字符数和每页的行数。

① 单击"文档网格"标签,打开"文档网格"选项卡。

② 在"文字排列"选区中设置文字排列的方向和栏数;在"网格"选区,若选中"只指定行网格"单选按钮,则在"每页"微调框中输入行数,或者在"跨度"微调框中输入跨度,可以设置每页中的行数;若选中"指定行和字符网格"单选按钮,则除了设置每页的行数,还要在"每行"微调框中输入每行的字符数,用于设置每行的字符数。

③ 在"预览"选区中单击"绘图网格"按钮,在"绘图网格"对话框中设置网格格式;单击"字体设置"按钮,在弹出的"字体"对话框中设置页面中的字体格式;在"预览"选区中选择文档网格应用的范围。

④ 单击"确定"按钮。

4.10.2　分节和分页

Word 具有自动分页的功能,系统自动根据页面设置对文档进行分页。如果要将文档的某一部分内容单独形成一页,就需要插入人工分页符。在 Word 中,节是一个文档格式化的单位。整个文档可以是一个节,此时页面设置将应用于整篇文档;也可以分成几个节,使在一页之内或多页之间采用不同的页面设置、页眉和页脚等,实现文档版面布局的灵活性。插入分页符或分节符的具体操作步骤如下:

① 将插入点置于需要分页或分节的开始位置。

② 单击"布局"→"页面设置"→"分隔符"右侧的向下箭头,弹出"分隔符"列表框,如图4-63所示。

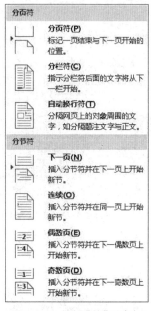

图4-63 "分隔符"列表框

③ 在"分页符"或"分节符"选区中,选择一种分页符或分节符类型。

④ 单击"确定"按钮。

另外,也可以按"Ctrl+Enter"键快速插入分页符。

要删除某个分页符或分节符,单击"开始"→"段落"→"显示/隐藏编辑标记"按钮( ) 显示分隔符,然后选定分隔符按"Delete"键将其删除即可。

4.10.3 设置页眉和页脚

页眉和页脚一般显示文档的附加信息,如页码、日期、作者姓名等。页眉是指打印在文档中每页顶部的文本或图形;页脚是指打印在文档中每页底部的文本或图形。

1. 插入页眉

插入页眉的具体操作步骤如下:

① 单击"插入"→"页眉和页脚"→"页眉"按钮,在弹出的"页眉"列表中选择需要的页眉样式。

② 输入页眉文字,单击"页眉和页脚工具/设计"功能区的相应按钮可在页眉中插入页码、日期等,还可以输入其他需要的内容,如文字、图形等。

③ 单击"页眉和页脚工具/设计"→"关闭"→"关闭页眉和页脚"按钮,即可结束页眉的创建。

2. 插入页脚

插入页脚的具体操作步骤如下：

① 单击"插入"→"页眉和页脚"→"页脚"按钮，在弹出的"页脚"列表中选择需要的样式。

② 输入页脚文字，并可单击"页眉和页脚工具/设计"功能区的相应按钮可在页脚中插入页码、日期等，还可以输入其他需要的内容，如文字、图形等。

③ 单击"页眉和页脚工具/设计"→"关闭"→"关闭页眉和页脚"按钮，即可结束页脚的创建。

4.10.4　设置分栏

Word为文档排版提供了设置分栏的功能，具体操作步骤如下：

① 如果只是对部分文档做分栏，则应选定需分栏的文本；如果是对全文做分栏，则不需要选定文本。

② 单击"布局"→"页面设置"→"分栏"按钮，在弹出的"分栏"列表框中选择所需分栏数即可。

4.10.5　打印与打印设置

通常情况下，创建、编辑和排版文档的最终目的大多是打印输出。Word 2016具有强大的打印及打印预览功能，可以满足日常文档处理的各种要求。

打印文档具体操作步骤如下：

① 如果不是打印整篇文档，而只是打印文档的部分内容，则选定需要打印的文档内容。

② 单击"文件"→"打印"命令，打开"打印"选项卡，如图4-64所示，打印设置显示在左侧，文档的预览显示在右侧。

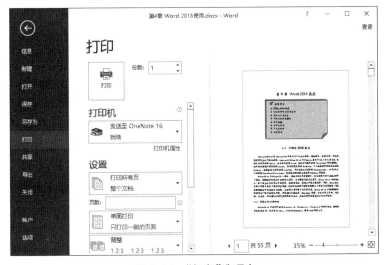

图4-64　"打印"选项卡

③ 在"打印机"选区,可选择要使用的打印机,若要更改打印机的属性,可单击打印机名称下的"打印机属性"。

④ 在"设置"选区,可选择打印文档的内容,如"打印所有页""打印当前页""打印选定内容""打印自定义范围"等。

⑤ 在"份数"微调框中选择或输入文档要打印的份数。

⑥ 查看右侧的文档打印预览,确认打印效果满意后,单击"打印"按钮即可。

本章小结

通过本章的学习,可以了解 Word 2016 编辑和排版、图文混排、表格和图表、样式和模板以及页面设置和打印输出等知识,掌握利用 Word 2016 编辑和排版各种文档的基本技能,并能轻松应用于日常工作。

思考与练习

一、单选题

1. 在 Word 2016 编辑状态下选定文本,当鼠标位于某行行首左边的选定栏时,( )鼠标可以选择光标所在的行。

　　A. 单击　　　　　B. 双击　　　　　C. 三击　　　　　D. 右击

2. 在 Word 2016 编辑状态下,执行"开始"→"剪贴板"→"复制"命令后,( )。

　　A. 被选中的内容被复制到插入点处

　　B. 被选中的内容被复制到剪贴板

　　C. 插入点所在的段落内容被复制到剪贴板

　　D. 光标所在的段落内容被复制到剪贴板

3. 在 Word 2016 的编辑状态,要想为当前文档中的文字设定行间距,可以使用"开始"选项卡功能区中"( )"功能组的命令。

　　A. 字体　　　　　B. 段落　　　　　C. 剪贴板　　　　　D. 样式

4. 在 Word 2016 的编辑状态,要想在插入点处设置一个分页符,可以使用"布局"→"页面设置"→"( )"命令。

　　A. 分隔符　　　　B. 页码　　　　　C. 符号　　　　　D. 对象

二、判断题(对的打"√",错的打"×")

1. 打开 Word 2016 文档一般是指把文档的内容从磁盘调入内存,并显示出来。( )

2. 在用 Word 2016 编辑文档时,若要删除某段文本的内容,可选取该段文本,再按"Delete"键。

( )

3. 在 Word 2016 文档中,一次只能定义一个文本块。 (　　)

4. 在 Word 2016 中隐藏的文字,屏幕中仍然可以显示,但默认情况下打印时不输出。

(　　)

5. 在 Word 2016 的编辑状态下,无法为当前文档中的文字设定上标或下标效果。

(　　)

三、填空题

1. Word 2016 提供了多种视图模式,文档的屏幕显示效果和打印效果相同的视图模式为_____。

2. 在 Word 2016"草稿"视图模式下,选择了"视图"选项卡中的"标尺"命令后,窗口中将出现_____标尺。

3. 在 Word 2016 中,如果要改变纸张大小规格,应执行"布局"→"页面设置"→"_____"命令。

4. 在 Word 2016 编辑过程中,欲把整个文本中的"计算机"都删除,最简单的方法是使用"开始"→"编辑"→"_____"命令。

5. 在 Word 2016 的编辑状态下,选定文档中一个表格后,单击"Delete"键后,表格的_____被删除。

第5章 Excel 2016使用

本章要点

★ 工作簿、工作表和单元格的基本操作

★ 编辑表格数据

★ 计算表格数据

★ 排序、筛选和分类汇总表格数据

★ 图表分析表格数据

★ 打印输出

5.1 Excel 2016概述

电子表格制作软件Excel 2016是Microsoft Office 2016系列办公软件中的一个重要组件，被广泛应用于办公自动化领域。它不仅具有强劲的数据处理与分析功能，而且具有强有力的图表制作功能和友好的操作界面，赢得了广大用户的青睐。

5.1.1 Excel基本概念

在学习使用Excel进行数据处理之前，首先要了解一些基本概念，如工作簿、工作表和单元格等。

1. 工作簿

工作簿是Excel中用来处理并存储数据的文件，文件扩展名为.xlsx。数据以工作表的形式存储在工作簿文件中，且一个工作簿最多可包含的工作表数受可用内存的限制，在默认情况下，新建空白工作簿包含1张工作表，工作表名为Sheet1。用户可以根据需要添加或删除工作表。

2. 工作表

工作表是最多可由1 048 576行和16 384列所构成的电子表格，它能够存储包含文本、数值、公式、图表、声音等信息。Excel的数据处理功能都是通过工作表来实现的。

116

每张工作表的行编号用数字标识,即由上而下依次为 1 ~ 1 048 576;列编号用英文字母标识,即由左到右依次为 A ~ XFD。

3. 单元格

工作表中行与列的交叉形成单元格,单元格是工作表存储信息的基本单元。工作表中的单元格按所在的行、列位置命名,如单元格 B3,指位于第 B 列第 3 行交叉点上的单元格。

5.1.2　Excel 工作界面

启动 Excel 2016,可打开如图 5-1 所示的 Excel 2016 工作界面。

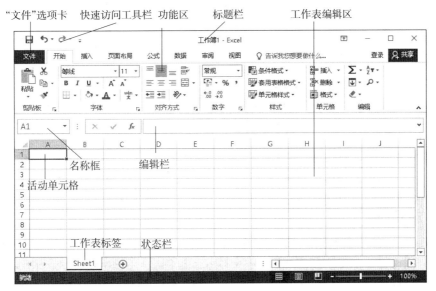

图 5-1　Excel 2016 工作界面

Excel 2016 工作界面继承了扁平化设计的 Office 2013 的风格,完美匹配了 Windows 10 操作系统,具有更高的辨识度。Excel 2016 的工作界面主要由标题栏、快速访问工具栏、"文件"选项卡、功能区、活动单元格、名称框、编辑栏、工作表编辑区、工作表标签和状态栏等部分组成。

1. 标题栏

标题栏位于 Excel 2016 工作界面的最上方。标题栏中间显示当前工作簿名称和程序名称,右端为窗口控制按钮,其中包括"最小化""最大化/向下还原"和"关闭"按钮。

2. 快速访问工具栏

快速访问工具栏的默认位置位于标题栏左侧,默认情况下由"保存""撤销"和"恢复"等常用按钮组成,用户也可以通过添加或删除按钮自定义快速访问工具栏。

3. "文件"选项卡

"文件"选项卡是位于标题栏下方左侧的一个绿色选项卡。单击"文件"选项卡可打开 Backstage 视图,其中包含文件操作、打印操作和 Excel 选项设置等常用命令。

4. 功能区

功能区是位于标题栏下方的一个带状区域,由"开始""插入""页面布局""公式""数据""审阅"和"视图"等选项卡组成。每个选项卡中包含若干功能组,每个功能组集成了一些相关的操作命令按钮。

5. 活动单元格

每张工作表中有一个单元格是活动单元格,该单元格的四周呈粗线深绿框。活动单元格是被选定的单元格,是工作表当前进行数据输入和编辑的单元格。如果被选定的是单元格区域,则活动单元格为选定单元格区域中白底显示的那个单元格。

6. 名称框

名称框位于功能区下方左侧,用于显示活动单元格地址或所选单元格、单元格区域或对象的名称。如图 5-1 所示,名称框中显示的是活动单元格的地址 A1。

7. 编辑栏

编辑栏位于名称框的右侧,用来显示或编辑活动单元格中的数据、公式和函数。

在活动单元格中输入信息时,在名称框与编辑栏之间将会显示"取消"按钮(✕)和"输入"按钮(🖫),分别用于取消和确认输入或编辑的内容。

8. 工作表编辑区

工作表编辑区位于名称框和编辑栏的下方,是工作表内容的显示和编辑区域,主要用于工作表数据的输入、编辑和各种数据处理。工作表编辑区的上方是列标,左侧是行号,右侧是垂直滚动条,下方是水平滚动条。

9. 工作表标签

工作表标签位于工作表编辑区的左下方,用来标识工作簿中的不同工作表。默认情况下,当前工作表标签底色为白色,而非当前工作表标签底色为灰色,如图 5-1 所示。

10. 状态栏

状态栏位于 Excel 2016 工作界面的最下方,用于显示所选单元格或单元格区域数据的状态,如平均值、计数、求和值和显示比例等。

5.2 工作簿的基本操作

工作簿以文件的方式存储,因此 Excel 2016 对工作簿的操作类似于 Word 2016 对文档的操作,包括创建、打开、关闭和保存等基本的文件操作。

5.2.1 创建工作簿

创建工作簿的常用方法有以下 3 种,用户可根据情况选择。

1. 新建空白工作簿

(1)启动 Excel 2016 时,新建空白工作簿。启动 Excel 2016 时,可以选择打开工作簿选项或工作簿模板选项执行打开、新建工作簿的操作,如图 5-2 左图所示,单击"空白工作簿",即可创建一个空白工作簿。

(2)启动 Excel 2016 后,新建空白工作簿。

方法一,单击"文件"→"新建"选项,如图 5-2 右图所示,单击"空白工作簿",即可创建一个空白工作簿。

图 5-2　新建空白工作簿

方法二,按"Ctrl+N"快捷键或利用快速访问工具栏的"新建"按钮,即可快速创建空白工作簿。自定义快速访问工具栏方法可阅读第 4 章 Word 2016 使用。

2. 利用联机模板新建工作簿

单击"文件"→"新建"选项,单击需要的模板样式(如"基本销售报表"),单击"创建"按钮,如图 5-3 所示,即可创建所选模板的工作簿。

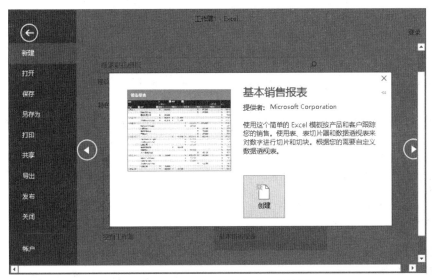

图 5-3　利用联机模板新建工作簿图

3. 使用自定义模板新建工作簿

单击"文件"→"新建"选项,单击"个人"选项卡,如图 5-4 所示,如单击"我的模板"选项,即可创建使用该模板的工作簿。

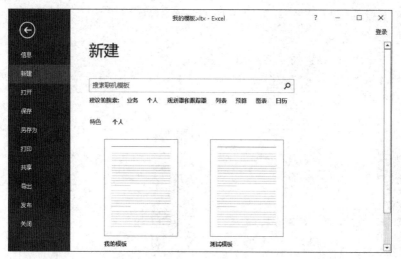

图 5-4　利用自定义模板新建工作簿

5.2.2　保存工作簿

Excel 2016完成工作簿的编辑后,同样与Word 2016处理文档一样,需要保存工作簿中的内容,Excel 2016以扩展名为.xlsx的文件形式将工作簿保存到磁盘上。保存工作簿的常用方法有以下2种:

1. 保存新建的工作簿

Excel 2016在新建工作簿时,自动将新工作簿暂时命名为"工作簿1""工作簿2"……但还没有保存到磁盘中。因此保存新建工作簿时,可以为工作簿重新指定一个文件名,具体操作步骤如下:

① 单击"文件"→"保存"选项,或单击"快速访问工具栏"的"保存"按钮,将出现图5-5左图所示"另存为"对话框。

② 双击"这台电脑",出现如图5-5右图所示的"另存为"对话框,选择保存工作簿的文件夹后,在"保存类型"下拉列表中选中要保存的类型,默认情况下为"Excel工作簿(*.xlsx)"。

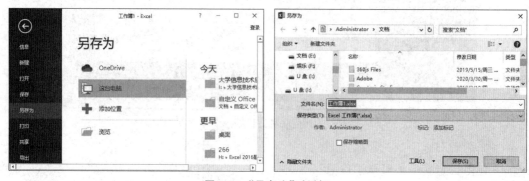

图 5-5　"另存为"对话框

③ 在"文件名"文本框中输入一个新的文件名,单击"保存"按钮。

2. 保存已有的工作簿

单击"文件"→"保存"命令,或单击"快速访问工具栏"中的"保存"按钮,即可保存。

因为是已有工作簿,所以不会弹出"另存为"对话框,直接把修改后的工作簿保存到原来的文件夹中,覆盖原来的工作簿文件。

如果想保留原来的文件,可单击"文件"→"另存为"命令,以不同的文件名保存或保存在不同的位置即可。

5.2.3 打开工作簿

打开工作簿主要有以下2种方法:

(1)使用"文件"选项卡的"打开"选项。单击"文件"→"打开"选项,弹出"打开"对话框,可以直接单击打开在"最近"列表中的文件;也可双击"这台电脑",选择需要打开的工作簿文件,单击"打开"按钮,即可打开该工作簿文件。

(2)直接双击工作簿文件。打开"此电脑"或"文件资源管理器"窗口,切换到已有的工作簿所在的文件夹,双击该工作簿的文件图标,即可打开工作簿。

5.2.4 关闭工作簿

关闭工作簿的常用方法有以下2种:

(1)使用"文件"选项卡关闭工作簿。单击"文件"→"关闭"命令,即可关闭当前工作簿。

(2)使用"关闭窗口"按钮关闭工作簿。单击功能区右上角的"关闭窗口"按钮,也可关闭当前工作簿。

5.3 工作表的基本操作

在工作簿中,用户可以根据需要对工作表进行选定、插入、删除、移动和复制等操作。

5.3.1 选择工作表

一个工作簿包含若干张工作表,其中工作表的名称显示在工作簿窗口底部的工作表标签上,要编辑某张工作表,必须先选定该工作表。被选定工作表的工作表标签呈反白显示,且名称下方有下划线。

1. 选择单张工作表

单击工作表标签,即可快速选定工作表。在拥有较多工作表的工作簿中,当无法看到所需工作表标签时,可利用工作表标签左侧的左右箭头按钮来调整工作表标签的显示,如单击左右箭头按钮,可切换到前或后一张工作表;按住"Ctrl"键单击左右箭头按钮,可切换到第一张或最后一张工作表。可以右击任一个滚动按钮,从弹出的快捷菜单中选择要切换的工作表；或按"Ctrl+PageUp"或"Ctrl+PageDown"快捷键,打开当前工作表的前一张或后一张工作表。

2. 选择相邻的多张工作表

若要选择相邻的多张工作表,先单击需选定多张表中第一张工作表的标签,按住"Shift"键的同时,再单击需选定多张表中最后一张工作表的标签。

3. 选择不相邻的多张工作表

若要选择不相邻的多张工作表,先单击任意一张需选择的工作表的标签,按住"Ctrl"键的同时,分别单击其他需选择的工作表标签即可。

4. 选择所有工作表

如果需选定工作簿中的所有工作表,可用鼠标右键单击工作表标签,在弹出的快捷菜单中选择"选定全部工作表"命令即可。

当选定多张工作表时,在标题栏将出现"[工作组]"字样。此时,在其中一张工作表中输入数据或进行格式设置等操作时,工作组中的其他工作表也出现相同的数据和格式。

5. 取消多张工作表的选择

单击任意一张工作表标签或右击工作表标签,从弹出的快捷菜单中选择"取消成组工作表"命令,即可取消多张工作表的选择。

5.3.2 插入工作表

在当前工作表的右侧插入新的工作表,新插入的第一张工作表将成为新的当前工作表,具体操作步骤如下:

1. 插入一张工作表

插入一张工作表的常用方法有以下3种。

（1）使用"新工作表"按钮插入工作表,如图5-6所示;单击工作表标签栏上的"新工作表"按钮(⊕),即可将工作表插入当前工作表的后面,如图5-7所示。

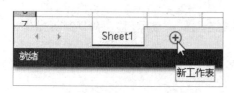

图5-6 插入工作表之前

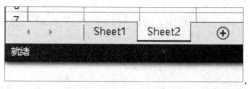

图5-7 插入工作表之后

（2）使用快捷菜单插入工作表。鼠标右击工作表标签,从弹出的快捷菜单中选择"插入"命令,打开"插入"对话框图5-8,选中"工作表"图标,单击"确定"按钮,将在被右击的工作表标签前插入一张工作表。

（3）使用功能区命令插入工作表。单击"开始"→"单元格"→"插入"按钮右侧的小箭头,在展开的下拉列表中单击"插入工作表"选项,即可在当前工作表前插入一张工作表。

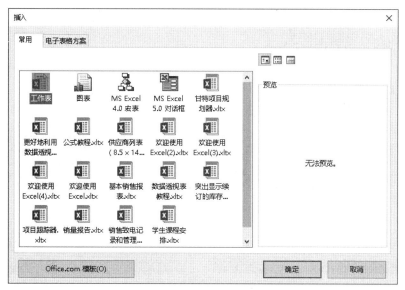

图 5-8 "插入"对话框

2. 插入多张工作表

插入多张工作表的具体操作步骤如下：

① 按住"Shift"键，选定连续的与插入数目相同数目的多张工作表。

② 单击"开始"→"单元格"→"插入"按钮右侧的小箭头，在展开的下拉列表中单击"插入工作表"选项；或鼠标右击工作表标签，从弹出的快捷菜单中选择"插入"命令，在弹出的"插入"对话框中，如图 5-8 所示，选中"工作表"图标，单击"确定"按钮。

5.3.3 重命名工作表

工作簿的默认工作表名为 Sheetl、Sheet2 和 Sheet3 等，这种工作表名与工作表中的实际内容无关。一般，可以用一个有意义的名称对工作表进行重命名，以区分不同的工作表内容，具体操作步骤如下：

① 右击要重命名的工作表标签，从弹出的快捷菜单中选择"重命名"命令；或单击"开始"→"单元格"→"格式"按钮右侧的小箭头，在展开的下拉列表中单击"重命名工作表"命令；或双击工作表标签，使工作表标签处于编辑状态，如图 5-9 所示。

② 输入新的工作表名称，如"职工信息表"，按"Enter"键即完成工作表的重命名，如图5-10 所示。

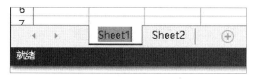

图 5-9　重命名工作表前

图 5-10　重命名工作表后

5.3.4 移动和复制工作表

Excel允许在同一个工作簿内和不同工作簿间复制与移动工作表。

1. 在同一个工作簿内移动或复制工作表

用鼠标左键直接拖动要移动的工作表的标签,将出现一个图标和一个小三角箭头来指示该工作表将要移到的位置,如图5-11所示,到达目标位置时释放鼠标左键即可移动工作表。如果要复制工作表,所不同的只是需要按住"Ctrl"键再用鼠标左键拖动工作表标签,此时图标上有一个"+"号,如图5-12所示。

图5-11 移动工作表

图5-12 复制工作表

2. 在不同工作簿内移动或复制工作表

移动或复制工作表,具体操作步骤如下:

① 如果不是将工作表移动或复制到新建工作簿,则先打开目标工作簿。

② 打开源工作簿,鼠标右击要移动或复制的工作表的标签,从弹出的快捷菜单中选择"移动或复制工作表"命令;或单击"开始"→"单元格"→"格式"按钮右侧的小箭头,在展开的下拉列表中单击"移动或复制工作表"命令,弹出图5-13左图所示的"移动或复制工作表"对话框。

④ 在"工作簿"下拉列表框中选择目标工作簿名;在"下列选定工作表之前"列表框中,选择要在其前面插入工作表的工作表名称,如图5-13右图所示。

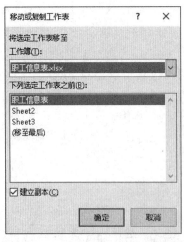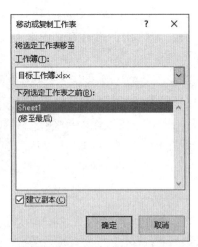

图5-13 "移动或复制工作表"对话框

⑤ 如果是复制工作表,则选中"建立副本"复选框。

⑥ 单击"确定"按钮即可完成工作表的移动或复制。

5.3.5　删除工作表

如果要删除工作簿中不需要的工作表,其具体操作步骤如下:

① 打开工作簿,选定要删除的工作表。

② 单击"开始"→"单元格"→"删除"按钮右侧的小箭头,在展开的下拉列表中单击"删除工作表"选项;或鼠标右击要删除工作表的标签,从弹出的快捷菜单中选择"删除"命令,即可删除该工作表。

如果工作表中存有数据,会弹出确认"永久删除这些数据"提示;如果删除工作表中唯一的工作表,会弹出"工作簿内至少含有一张可视工作表"提示。

5.3.6　拆分与冻结工作表

对于数据量比较庞大的工作表,为了方便比较工作表中的数据,或当滚动显示工作表数据时希望始终显示行、列标志,可以使用工作表的拆分和冻结功能。

1. 拆分工作表

拆分工作表可以把当前工作表窗口拆分成2个或4个窗格,使每个窗格都能独立地滚动显示工作表内容,以方便数据的比较。具体操作方法如下:

(1)将工作表拆分成上下/左右两个部分。选中工作表需拆分处的行/列,单击"视图"→"窗口"→"拆分"按钮,将从所选行/列处拆分成上下或左右两个窗格。

(2)将工作表拆分成4个部分。选中作为右下部分窗格的首单元格,单击"视图"→"窗口"→"拆分"按钮,所选单元格处拆分成上下左右4个窗格。

(3)取消拆分:单击"视图"→"窗口"→"拆分"按钮,或双击拆分条,即可取消拆分。

2. 冻结工作表

当一个工作表的行数较多且向下滚动时,顶端的标题行将滚出屏幕;当工作表的列数较多且向右滚动时,左侧的列也将滚出屏幕。采用冻结工作表,可以使滚动显示工作表时被冻结的行、列始终保持不动,具体操作方法如下。

(1)冻结首行/首列。单击"视图"→"窗口"→"冻结窗格"按钮下方的小箭头,在展开的下拉列表中单击"冻结首行"/"冻结首列"命令。

(2)冻结多行/多列。选中要保留在窗口中标题行的下一行或要保留在窗口中标题列的后一列,单击"视图"→"窗口"→"冻结窗格"按钮下方的小箭头,在展开的下拉列表中单击"冻结拆分窗格"命令。

(3)同时冻结多行多列。选中要冻结的单元格,其上方为要冻结的行,左侧为要冻结的列,单击"视图"→"窗口"→"冻结窗格"按钮下方的小箭头,在展开的下拉列表中单击"冻结拆分窗格"命令。

(4)取消冻结。如果要取消冻结的工作表窗格,只要单击"视图"→"窗口"→"冻结窗格"按钮下方的小箭头,在展开的下拉列表中单击"取消冻结窗格"命令即可。

5.3.7 隐藏工作表

1.隐藏工作表

有时工作表的某些数据比较重要或需要保密,为避免误操作,可以隐藏工作表。具体操作步骤如下:

① 选定需隐藏的工作表。

② 鼠标右击要隐藏的工作表标签,从弹出的快捷菜单中选择"隐藏"命令;或单击"开始"→"单元格"→"格式"按钮下方的小箭头,在展开的下拉列表中单击"隐藏和取消隐藏"下的"隐藏工作表"命令,即可隐藏工作表。

注意

工作表被隐藏后,就不能再进行操作。另外,不能隐藏工作簿中的所有工作表,即至少有一个工作表要保持可见。

2.取消隐藏工作表

鼠标右击任意一张工作表标签,从弹出的快捷菜单中选择"取消隐藏"命令;或单击"开始"→"单元格"→"格式"按钮下方的小箭头,在展开的下拉列表中单击"隐藏和取消隐藏"选项下的"取消隐藏工作表"命令,弹出"取消隐藏"对话框,选择要取消隐藏的工作表,单击"确定"按钮,即可恢复隐藏的工作表。

5.3.8 设置工作表标签颜色

在工作簿中,为便于数据管理,可以设置工作表标签颜色。具体操作步骤如下:

① 选定需添加颜色的工作表标签。

② 单击"开始"→"单元格"→"格式"按钮右侧的小箭头,在展开的下拉列表中单击"工作表标签颜色"选项;或鼠标右击要设置工作表标签颜色的工作表标签,从弹出的快捷菜单中选择"工作表标签颜色"命令。

③ 在弹出的颜色列表中单击所需颜色,如红色,即可完成工作表标签颜色设置,完成设置后的工作表标签底部有浅红色,当选定其他工作表时该工作表标签才呈现为全红色。

5.4 编辑表格数据

编辑表格数据的操作主要包括单元格数据的编辑、移动、复制和删除等基本内容。

5.4.1　选择单元格或单元格区域

在对工作表进行数据输入和编辑之前,用户首先要选定单元格或单元格区域。

1. 选定一个单元格

选定单元格常用的方法有以下4种:

(1)单击需选择的单元格。

(2)按键盘方向键,直到选中所需的单元格。

(3)在"名称框"中输入要选择单元格的地址(如B2),然后按"Enter"键。

(4)单击"开始"→"编辑"→"查找和选择"按钮右侧的小箭头,在展开的下拉列表中单击"转到"选项,弹出图5-14所示的"定位"对话框,在"引用位置"文本框中输入要选定的单元格名称(如E35),单击"确定"按钮。

图5-14　"定位"对话框

2. 选定多个单元格

(1)选定一个单元格区域。

方法一:单击需选定单元格区域左上角的单元格,当鼠标指针形状为空心十字时,按住鼠标左键并拖动到单元格区域右下角对应的单元格,然后松开鼠标左键即可。

方法二:单击需选定单元格区域左上角的单元格,按住"Shift"键,单击单元格区域的右下角对应单元格即可。

方法三:在"名称框"中输入要选择单元格区域的地址(如B2:D5),然后按"Enter"键也可选定该单元格区域。

(2)选定不相邻的单元格区域。先选定一个单元格区域,然后按住"Ctrl"键选定其他单元格区域,最后松开"Ctrl"键即可。

(3)整行选定。将光标移到需选择行标题处,当鼠标指针形状变成实心向右箭头时,单击鼠标即可选择整行。按住"Shift"键或"Ctrl"键,单击鼠标即可选定相邻行或不相邻行。

（4）整列选定。将光标移到需选择列标题处，当鼠标指针形状变成实心向下箭头时，单击鼠标即可选择整列。按住"Shift"键或"Ctrl"键，单击鼠标即可选定相邻列或不相邻列。

（5）选定全部单元格。单击位于工作表行标题和列标题交叉处的"全选"按钮(◢)，或按"Ctrl+A"组合键，即可选定全部单元格。

5.4.2 输入表格数据

在单元格中输入数据时，应先选定一个单元格，然后在单元格中输入内容。输入完成后，按"Tab"键、"Enter"键、光标移动键或单击编辑栏左边的"输入"按钮(✔)均可确认输入；也可按"Esc"键或单击编辑栏左边的"取消"按钮(✘)取消输入。

编辑单元格数据时，如果新数据与原数据完全不同，直接输入新数据。如果只需修改原数据，则可在单元格或编辑栏中编辑。在单元格中编辑时，双击需要编辑的单元格，当单元格中出现光标指针时，就可编辑数据。在编辑栏中编辑时，选定单元格，单击编辑栏，就可在编辑栏中编辑数据。

在 Excel 2016 中，单元格中的数据可以是文本、数字、公式、日期、图形图像等类型。

1. 输入文本

Excel 中的文本是指字符、数字及特殊符号的组合。在单元格中输入文本，只需选定单元格后直接输入即可。

默认情况下，单元格中输入的文本是左对齐的。当输入的文本超过单元格宽度时，若右侧单元格中没有数据，则超出的文本会延伸到右侧单元格中；如果右侧单元格中已有数据，则超出的文本将被隐藏，加大列宽或设置单元格为自动换行后，可显示单元格全部内容。如果需要对单元格中的数据进行强制换行，可按"Alt+Enter"键。

当输入纯数字文本时，Excel 默认为数值。如果输入的数字属于文本，则可在数字前添加一个英文单引号"'"，如学号"081705234"作为文本输入，可输入"'081705234"。此时，单元格左上角会出现一个绿色三角标记，且左对齐。

2. 输入数值

Excel 中数值的有效数字包含"0~9""+""-""(""）"" / ""$""%""."."E""e"。在单元格中输入数字，只需选定单元格后直接输入即可。

默认情况下，单元格中输入的数值是右对齐的。如果输入正数，则数字前面的"+"可以省略；如果输入负数，则数字前应加一个负号"-"，或将数字放在圆括号"( )"内。

当单元格列宽太小不能显示整个数值时，将以科学记数法形式或"####"符号表示，只需调整列宽即可显示完整的数值。当数值的数字长度超过 11 位时，则无论列宽多大都将以科学计数法形式表示。

如果输入分数，需在分数前加上"0"或整数和空格，如输入"0 1/3""1 1/2"，分别表示 $\frac{1}{3}$，$1\frac{1}{2}$。

3. 输入日期和时间

选定单元格，直接输入日期或时间。当输入日期时，可以用"/"或"-"分隔日期的各部分;当输入时间时,可以用":"分隔时间的各部分。

在 Excel 中日期和时间作为数值处理,日期或时间的显示方式取决于所在单元格的数字格式。默认情况下,单元格中输入的日期和时间是右对齐的。

按"Ctrl+;"键可输入当前日期,按"Ctrl+Shift+;"键可输入当前时间。如果要在同一个单元格中同时输入日期和时间,必须在两者之间输一个空格。

输入时间时可使用 12 小时制或 24 小时制。如果使用 12 小时制格式,则应在时间后加上一个空格,然后再输入 AM 或 A(表示上午)、PM 或 P(表示下午);如果使用 24 小时制格式,则不必使用 AM 或 PM。

【例 1】　输入《大学信息技术应用基础》成绩统计表,如图 5-15 所示。输入结束后保存,把文件名命名为"《大学信息技术应用基础》成绩统计表.xlsx"。

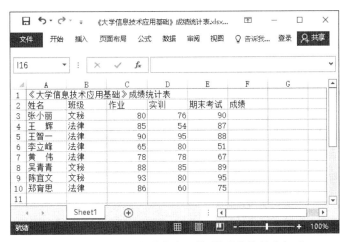

图 5-15　《大学信息技术应用基础》成绩统计表(一)

5.4.3　自动填充数据

在输入数据的过程中,当某行或某列的数据有规律或为一组固定的序列数据时,可使用自动填充功能快速完成数据的输入。

使用填充功能最常用的办法是拖动"填充柄"。"填充柄"是指选定单元格时右下角的小绿方块。

1. 输入序列

(1)利用鼠标填充相同数据。

方法一,选中填充区域的第一个单元格,在单元格中输入数据;将鼠标置于该单元格的填充柄,使鼠标指针形状成为实心十字时,按住左键并向上或下(右或左)拖动鼠标到序列的最后一行(或列),释放鼠标即可完成填充。

方法二,选定需输入相同数据的单元格区域,在活动单元格中输入数据,按"Ctrl+Enter"键即可将输入的数据复制到其他选定的单元格中。

(2)利用鼠标填充等差序列。在需填充区域的前两个单元格中输入等差序列的前两个数值,并选中这两个单元格;将鼠标移到单元格区域的填充柄上,使鼠标指针形状成为实心十字时,按住左键并拖动到结束的单元格后松开鼠标左键即可完成填充。

如果数据序列的步长值为1,只需输入要填充区域的第一个单元格的数值,将鼠标移到该单元格的填充柄上,使鼠标指针形状成为实心十字时,按住"Ctrl"键,并按住左键拖动鼠标即可完成填充。

(3)利用"序列"对话框输入序列。在单元格区域中可以输入不同类型的数据序列,如等差、等比、日期和自动填充等,具体操作步骤如下:

① 选定需填充区域的第一个单元格,输入数据序列中的初始值。

② 选定填充区域。

③ 单击"开始"→"编辑"→"填充"按钮,在展开的下拉列表中单击"序列"选项,打开"序列"对话框,如图5-16所示。

④ 在"序列产生在"选区中选择"行"或"列"单选按钮。

⑤ 在"类型"选区中选择序列的类型。如选择"日期",还可以在"日期单位"选区中选择所需的单位。

⑥ 在"步长值"文本框中输入一个可以是正数或负数的步长值,在"终止值"文本框中输入序列的最后一个值。

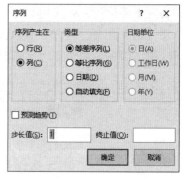

图5-16 "序列"对话框

⑦ 单击"确定"按钮,即可在填充区域中完成序列的输入。

2. 自定义序列

Excel提供了常用的序列,如"星期一""星期二""星期三"……"甲""乙""丙"……,用于序列数据的自动填充。

例如,在单元格中输入"星期一"后,当拖动该单元格的填充柄时,会自动填充"星期二""星期三"……

用户也可以用自定义序列填充,设置自定义序列的具体操作步骤如下:

① 单击"文件"→"选项"按钮,打开"Excel选项"对话框。

② 选择"高级"选项卡(图5-17),单击"常规"选项组中的"编辑自定义列表"按钮,打开"自定义序列"对话框,如图5-18所示。

③ 在"输入序列"列表框中输入自定义的序列,如"第一名、第二名、第三名、第四名"等,输入每一项后按"Enter"键,输入完后单击"添加"按钮。

设置自定义序列的另一种方法:先在工作表中输入自定义序列的文本,然后在图5-12所示对话框中,单击"导入"按钮左边的"压缩对话框"按钮(⬛),在工作表中选中自定义序列文本的单元格区域,接着单击压缩对话框右侧的"展开对话框"按钮(⬛),然后在还原的对话框中单击"导入"按钮。

④ 单击"确定"按钮完成自定义序列定义。

以后,在输入"第一名、第二名、第三名、第四名"自定义序列时,只需在第一个单元格中输入"第一名",然后将鼠标置于该单元格的填充柄处,按住鼠标左键拖动即可自动填充"第二名""第三名""第四名"。

图 5-17　"Excel选项"对话框

图 5-18　"自定义序列"对话框

5.4.4　移动和复制单元格数据

1. 移动单元格数据

（1）用鼠标移动单元格数据。选定需移动数据的单元格或单元格区域，把鼠标指针移至选定单元格的边框，当鼠标指针形状变为 ✛ 时，按住左键并拖动单元格到目标单元格，然后释放鼠标即可。

如果在移动时不想覆盖已有的数据,则可以按住"Shift"键,按住鼠标左键并拖动至新位置,以插入的方式移动数据,原位置的数据将向下移动。

(2)用功能区按钮移动单元格数据。

① 选定需移动数据的单元格或单元格区域。

② 单击"开始"→"剪贴板"→"剪切"按钮,将数据剪切到剪贴板。

③ 选定目标单元格,单击"开始"→"剪贴板"→"粘贴"按钮,或单击"粘贴"按钮下方的小箭头,在图5-19所示展开的"粘贴"选中根据需要选择,如单击"选择性粘贴"选项可以打开"选择性粘贴"对话框(图5-20),可选择更多的"粘贴"选项。

图5-19 "粘贴"选项

图5-20 "选择性粘贴"对话框

在"粘贴"选区中,选择粘贴的内容,如只想复制一个含有公式的单元格中的数据值,可以选择"数值";在"运算"选区中,选择一种运算方式,复制单元格中的数值将会与粘贴单元格中的数值进行相应的运算。选中"转置"复选框,可以将源单元格区域的数据选择性粘贴。

④ 单击"确定"按钮。

2.复制单元格数据

(1)用鼠标复制单元格数据。选定需复制数据的单元格或单元格区域,把鼠标指针移至选定单元格的边框,按住"Ctrl"键,当鼠标指针形状变为( )时,按住左键并拖动单元格到目标单元格,然后释放鼠标即可。

(2)用功能区按钮复制单元格数据。

① 选定需复制数据的单元格或单元格区域。

② 单击"开始"→"剪贴板"→"复制"按钮,将数据剪切到剪贴板。

③ 选定目标单元格,单击"开始"→"剪贴板"→"粘贴"按钮即可;或可以根据需要选择"粘贴"选项,操作同移动单元格。

5.5　单元格的基本操作

5.5.1　插入与删除行、列或单元格

1.插入行、列或单元格

（1）插入行或列。选定要插入行或列的下一行或右侧列，鼠标右击，从弹出的快捷菜单中选择"插入"命令；或单击"开始"→"单元格"→"插入"按钮右侧的小箭头，在展开的下拉列表中单击"插入工作表行"或"插入工作表列"命令，即可插入行或列。

（2）插入单元格。选定要插入单元格所在位置的单元格，鼠标右击，从弹出的快捷菜单中选择"插入"命令；或单击"开始"→"单元格"→"插入"按钮右侧的小箭头，在展开的下拉列表中单击"插入单元格"命令，打开"插入"对话框（图5-21），选择一种插入方式，单击"确定"按钮即可。

2.删除行、列或单元格

（1）删除行或列。选定要删除的行或列，鼠标右击，从弹出的快捷菜单中选择"删除"命令；或单击"开始"→"单元格"→"删除"按钮右侧的小箭头，在展开的下拉列表中单击"删除工作表行"或"删除工作表列"命令，即可删除行或列。

（2）删除单元格。选定要删除的单元格，鼠标右击，从弹出的快捷菜单中选择"删除"命令；或单击"开始"→"单元格"→"删除"按钮右侧的小箭头，在展开的下拉列表中单击"删除单元格"命令，打开"删除"对话框（图5-22），选择一种删除方式，单击"确定"按钮即可。

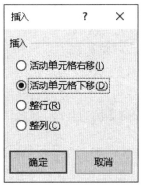
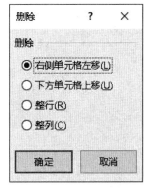

图5-21　"插入"对话框　　　　　图5-22　"删除"对话框

3.清除行、列或单元格

清除指删除行、列或单元格中的内容、格式或批注，而所在行、列或单元格仍然保留在工作表中，具体操作步骤如下：

① 选定需清除的行、列、单元格或单元格区域，单击"开始"→"编辑"→"清除"命令，从展开的下拉列表中选择所需的命令即可。

② 如果只是清除内容,则选定要清除的单元格、行或列后,按"Delete"键,或单击鼠标右键,从弹出的快捷菜单中选择"清除内容"命令即可。

5.5.2 隐藏行或列

有时为了满足用户的需求,需要隐藏工作表中不关注或不便公开的行或列。

1. 隐藏行或列

选定要隐藏的行或列,鼠标右击,从弹出的快捷菜单中选择"隐藏"命令;或单击"开始"→"单元格"→"格式"按钮,在展开的下拉列表中,鼠标指向"可见性"下的"隐藏和取消隐藏"选项,然后单击展开下拉列表中"隐藏行"或"隐藏列",即可隐藏选择的行或列。

2. 取消隐藏

取消隐藏的具体操作步骤如下:

① 选定要取消隐藏行的上方和下方行,或需取消隐藏列的左侧和右侧列,若隐藏行或列位于工作表的第一个行或列,请在左侧的"名称"框中键入A1。

② 单击"开始"→"单元格"→"格式"按钮,在展开的下拉列表中,鼠标指向"可见性"下的"隐藏和取消隐藏"选项,然后单击展开下拉列表中"取消隐藏行"或"取消隐藏列",即可取消隐藏。

5.5.3 调整行、列或单元格

在编辑工作表的过程中,为了完整显示数据或美化表格外观,需要对行高和列宽进行调整。把鼠标移至行、列标题的表格线处,当鼠标指针形状变成(✛)或(✛)时,按住左键拖动鼠标即可简单调整行高或列宽。还可以用以下功能区按钮方法。

① 选定需调整行高或列宽的行、列、单元格或单元格区域。

② 单击"开始"→"单元格"→"格式"按钮,单击在"单元格大小"下的"行高"或"列宽";或鼠标右击,从弹出的快捷菜单中选择"行高"或"列宽",在"行高"或"列宽"框中键入所需的值,如行高为20,单击"确定"按钮即可调整行高或列宽。比如单击在"单元格大小"下的"自动调整行高"或"自动调整列宽";或双击行号或列标的边界处,即可根据单元格中的内容进行自动调整。

5.5.4 设置单元格格式

为了使工作表更加美观,需要进一步对工作表及其单元格进行格式化。单元格格式化主要包括数字类型、对齐方式、字体、边框和底纹等设置。

1. 利用"单元格格式"对话框设置单元格格式

(1)选定需设置格式的单元格。

(2)单击"开始"→"单元格"→"格式"按钮,在弹出的列表中单击"设置单元格格式"选项;或鼠标右击,从弹出的快捷菜单中选择"设置单元格格式"命令,打开"设置单元格格式"

对话框,如图 5-23 所示。

图 5-23 "设置单元格格式"对话框

(3) 在该对话框中可对单元格中的数字格式、对齐方式、字体、边框等进行设置。

① 在"数字"选项卡中的"分类"列表框中选择所需的分类格式,在对话框的右侧进一步按要求进行设置,并从"示例"框中查看设置后单元格的格式。

② 在"对齐"选项卡的"文本对齐方式"选区中,单击"水平对齐"下拉列表框可选择数据在单元格中的水平对齐方式;单击"垂直对齐"下拉列表框可选择数据在单元格中的垂直对齐方式;在"方向"选区中,可拖动"文本"指针来确定字符旋转的角度,也可在"度"微调框中输入文本旋转的度数;在"文本控制"选区中,可选中"自动换行""缩小字体填充"和"合并单元格"复选框。

③ 在"字体"选项卡中,用户可以根据需要对字体、字号、字形、下划线类型以及特殊效果进行设置。

④ 在"边框"选项卡中,可在"线条"选区中的"样式"列表框中选择线形;通过"预置"选区和"边框"选区,给单元格边框添加所需边框。

⑤ 在"填充"选项卡中的"背景色"选区中选择单元格的背景颜色,在"图案颜色"列表框中选择单元格的底纹图案。

(4)设置完成后,单击"确定"按钮。

2.利用功能区按钮设置单元格格式

(1)数字格式。选定需设置格式的单元格或单元格区域,可单击"开始"→"数字"功能组中的任一种格式按钮,或单击"数字"功能组右下角的对话框启动按钮,打开"设置单元格格式"对话框,完成相应的数字格式设置。

①"会计数字格式"按钮( ),可以给数字添加货币符号,并且增加两位小数。

②"百分比样式"按钮(%),可以将原数字乘以100,再在数字后加上百分号。

③"千位分隔样式"按钮(,),可以在数字中加入千位符。

④"增加小数位数"按钮( )或"减少小数位数"按钮( ),可以使数字的小数位数增加一位或减少一位。

⑤"自动换行"按钮(自动换行),可以通过多行显示,使单元格中的所有内容都可见。

(2)对齐方式。选定需设置格式的单元格或单元格区域,可单击"开始"→"对齐方式"功能组中的任一种格式按钮,或单击"对齐方式"功能组右下角的对话框启动按钮,打开"设置单元格格式"对话框,完成相应的对齐方式设置。

①"文本左对齐""居中"和"文本右对齐"按钮,可以使单元格内的数据左对齐、居中和右对齐。

②"顶端对齐""垂直居中"和"底端对齐"按钮,可以使单元格内的数据顶端对齐、垂直居中和底端对齐。

③"合并后居中"按钮,可以使几个单元格合并为一个单元格,也可以取消合并单元格。

④"减少缩进量"或"增加缩进量"按钮,可以使单元格中的数据向左或向右缩进。

(3)字体。选定需设置格式的单元格或单元格区域,单击"开始"→"字体"功能组中的任一种格式按钮,或单击"字体"功能组右下角的对话框启动按钮,打开"设置单元格格式"对话框,可根据需要单击"字体""字号""加粗""倾斜""下划线""字体颜色"和"边框"等按钮设置各种格式。

【例2】 在【例1】的《大学信息技术应用基础》成绩统计表中,设置表头字体为"黑体"、字号为"14",且"合并及居中"显示;设置列标题文字居中;表格加边框。设置完成后,效果如图5-24所示。

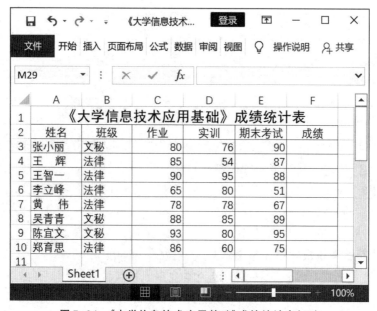

图5-24 《大学信息技术应用基础》成绩统计表(二)

具体操作步骤如下：

①选定单元格 A1，单击"开始"→"字体"右下角的对话框启动按钮，弹出"设置单元格格式"对话框，在"字体"选区选择字体为"黑体"，在"字号"选区选择为"14"，单击"确定"按钮。

②选定单元格区域 A1:F1，单击"开始"→"对齐方式"→"合并后居中"按钮。

③选定单元格区域 A2:F2，单击"开始"→"对齐方式"→"居中"按钮。

④选定单元格区域 A2:F10，单击"开始"→"格式"→"单元格"按钮，在弹出的列表中单击"设置单元格格式"选项，在弹出的"设置单元格格式"对话框中，单击"边框"标签，打开在"边框"选项卡，在"预置"选区单击"外边框"和"内部"按钮，单击"确定"按钮。

5.5.5　条件格式设置

使用条件格式功能可以将某些符合一定条件的数据进行格式化，如把学生成绩不及格的用红色表示。

（1）条件格式设置的具体操作步骤如下：

①选定需设置条件格式的单元格区域。

②单击"开始"→"样式"→"条件格式"按钮下方的小箭头，在展开的下拉列表中单击"突出显示单元格规则"下的"小于"命令，打开图 5-25 所示的对话框。

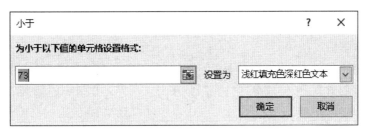

图 5-25　"条件格式"对话框

③在左侧的框中输入"60"，单击右侧下拉列表的向下箭头，如果列表中有需要的格式直接选择，如"红色文本"，反之选择"自定义格式"，在"设置单元格式格"对话框进行设置。

④单击"确定"按钮。

（2）清除条件格式设置的具体操作步骤如下：

①清除一个条件规则。选择要清除规则的单元格区域，单击"开始"→"样式"→"条件格式"按钮下方的小箭头，在展开的下拉列表中单击"清除规则"下的"清除所选单元格的规则"命令即可。

②清除整个工作表的规则。单击"开始"→"样式"→"条件格式"按钮下方的小箭头，在展开的下拉列表中单击"清除规则"下的"清除整个工作表的规则"命令即可。

5.5.6　自动套用格式

Excel 2016 提供了多种工作表外观格式，直接套用这些格式，既可以使工作表变得规

范美观,也可以提高工作效率。使用自动套用格式的具体操作步骤如下:

① 单击"开始"→"样式"→"自动套用格式"按钮右侧的小箭头,在展开的下拉列表中选择所需格式,如"表样式中等深浅2",打开"套用表格式"对话框如图5-26所示。

② 在"表数据的来源"中选定表格单元格区域,如$A$2:$H$10,单击"确定"按钮即可套用所选表格式。

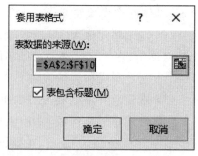

图5-26　"套用表格式"对话框

5.6　计算表格数据

在工作表中输入和编辑数据,对工作表进行格式化设置,这些只是Excel 2016的基本功能,而强大的数据处理和分析功能才是Excel 2016真正吸引用户的主要原因。

5.6.1　数据的引用方式

公式用来对工作表中的数据进行分析和计算,它可以对单元格中的数据进行加、减、乘、除等运算。公式最前面是等号(=),后面是参与计算的运算数和运算符。每个运算数可以是常量、单元格或单元格区域的引用、标志、名称或函数。公式中的单元格引用表示引用所在单元格的数据。

通过单元格引用,可以在公式中使用工作表中不同部分的数据(单元格名)、相同工作簿中不同工作表的数据(工作表名!单元格名)和来自不同工作簿中的数据([工作簿名]工作表名!单元格名)。比如E1表示引用当前工作表中的单元格E1的数据;Sheet3!C8表示引用工作表"Sheet3"中的单元格C8的数据;[工资明细表.xlsx]2019年!A3表示引用工作簿"工资明细表.xlsx"中的工作表"2019年"中的单元格A3的数据。

单元格引用可以分为相对引用、绝对引用和混合引用三种。

1. 相对引用

相对引用是基于公式所在单元格和公式中单元格引用的单元格的相对位置,如果公式所在单元格的位置改变,则公式中单元格引用也随之改变。在相对引用中,用字母表示单元格的列号,用数字表示单元格的行号,如A5,C1等。

例如,单元格E5的公式为"=A5+B6+12",如果把此公式复制到F8,因为E5和F8相隔1行3列,则公式中的相对引用也随着相隔1行3列,即A5将变为B8,B6变为C9,所以F8的公式为"=B8+C9+12"。

2. 绝对引用

绝对引用指向工作表中固定位置的单元格,绝对引用单元格的位置与公式所在单元格的位置无关,如果公式所在单元格的位置改变,则公式中单元格引用不会改变。在绝对引用中,单元格名中的列标和行号前面加上"$"符,如$A$5,$C$1。

例如,单元格E5的公式为"=$A$5+$B$6+12",如果把此公式复制到F8,因为公式中的单元格引用是绝对引用,所以 F8 的公式还是"=$A$5+$B$6+12"。

3. 混合引用

混合引用是指公式中参数的行采用相对引用,列采用绝对引用;或列采用绝对引用,行采用相对引用,如$C1,C$1。公式中相对引用部分随公式复制而变化,绝对引用部分不随公式复制而变化。

例如,单元格 E5 的公式为"=$A5+B$6+12",如果把此公式复制到 F8,则 F8 的公式还是"=$A8+C$6+12"。

5.6.2　创建公式

1. 公式运算符

Excel 2016 中包含 4 种运算符:算术运算符、比较运算符、文本运算符和引用运算符。使用运算符可以把常量、单元格引用、函数以及括号等连接起来组成表达式。

(1)算术运算符,用于完成基本的数学运算。算术运算符包括加(+)、减(-)、乘(*)、除(／)、幂(^)、百分比(%)等。

(2)比较运算符,用于比较两个数值并产生逻辑值 TRUE 或 FALSE。比较运算符包括大于(>)、等于(=)、小于(<)、大于等于(>=)、小于等于(<=)和不等于(<>)。

(3)文本运算符(＆),用于连接两个或多个文本字符串,形成一个字符串。

(4)引用运算符,用于将单元格合并运算。引用运算符包括区域运算符(:)、联合运算符(,)和交叉运算符(空格)3 种。

① 区域运算符(:)表示单元格区域中的所有单元格,如 A1:A5 表示单元格 A1 至单元格 A5 的所有 5 个单元格。

② 联合运算符(,)将多个引用合并为一个引用,如 A1:A5,B1:B5 表示单元格 A1 至单元格 A5、单元格 B1 至单元格 B5 的所有 10 个单元格。

③ 交叉运算符(空格)表示几个单元格区域所共有的单元格,如 A1:C5 B1:D2 表示单元格区域 A1:C5、单元格区域 B1:D2 的共有单元格 B1,C1,B2 和 C2。

2. 运算符的优先级

当公式中同时用到了多个运算符时,运算顺序按表 5-1 所示的运算符优先级,先计算优先级高的运算符,后计算优先级低的运算符。若公式中包含了相同优先级的运算符,则按照从左到右的原则进行计算。

表 5-1　运算符的优先级

运算符	说明	优先级
-	负号	高
%	百分号	
^	乘幂	
*和/	乘和除	
+和-	加和减	
&	文本运算符	
=,<,>,>=,<=,<>	比较运算符	低

例如，公式"=15-4*3"，根据运算符的优先级，应先做乘法运算，再做减法运算。当然也可以利用括号更改运算顺序。例如，以上公式如果需要先计算减法，则可以把公式改为"=（15-4)*3"。

3. 输入公式

在单元格中输入公式的具体操作步骤如下：

① 选定需输入公式的单元格。

② 在编辑栏中输入"="，并输入公式内容。

③ 输入完毕后，按回车键，或单击编辑栏中的"输入"按钮，即可完成公式的输入。

单元格将显示公式的计算结果，而公式内容则会在编辑栏中显示。

编辑公式时，公式中的引用和单元格所在的位置都将以相同的彩色方式标识，便于用户跟踪、分析公式。

5.6.3 移动与复制公式

单元格中的公式也像单元格中的其他数据一样可以对其进行复制和移动等操作。

1. 复制公式

复制公式的常用方法有以下 2 种：

（1）选定需复制公式所在的单元格，单击"开始"→"剪贴板"→"复制"按钮，然后选定目标单元格，单击"开始"→"剪贴板"→"粘贴"按钮即可。

（2）选定要复制公式所在的单元格，按住"Ctrl"键，当鼠标指针形状变成两个十字时，按住鼠标左键拖至目标单元格，释放鼠标即可。

也可以利用自动填充方式复制公式，或利用"选择性粘贴"方式有选择地粘贴。

2. 移动公式

移动公式的常用方法有以下 2 种：

（1）选定需复制公式所在的单元格，单击"开始"→"剪贴板"→"剪切"按钮，然后选定目标单元格，单击"开始"→"剪贴板"→"粘贴"按钮即可。

（2）选定需移动公式所在的单元格，当鼠标指针形状变成时，按住鼠标左键拖至目标单元格，释放鼠标即可。

【例3】 在【例2】的《大学信息技术应用基础》成绩统计表中，设置成绩一栏的公式。

具体操作步骤如下：

① 选定单元格 F3，输入公式"=C3*0.1+D3*0.4+E3*0.5"，表示成绩的计算方法是作业占 10%、实训占 40%、期末考试占 50%。公式输入结束后，按回车键即可看到单元格 F3 成绩计算结果为 85。

② 选定单元格 F3，将鼠标置于该单元格的填充柄，使鼠标指针形状变成实心十字时，按住左键并向下拖动鼠标至单元格 F10，释放鼠标即可完成公式的复制，如图 5-27所示。

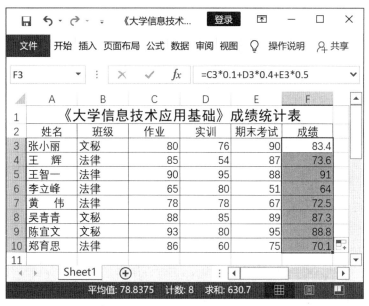

图 5-27　《大学信息技术应用基础》成绩统计表(三)

③选定单元格区域 F4:F10,单击"开始"→"数字"→"减少小数位数"按钮两次,减少小数位数至显示整数。

5.6.4　函数的运用

Excel 2016 为用户提供许多常用函数,函数是预定义的内置公式,可以使用户更方便地进行各种数据处理。函数按其功能可以分为财务、日期与时间、数学与三角函数、统计、查找与引用、数据库、文本、逻辑、信息、工程和多维数据集等 11 类函数。

1. 常用函数

Excel 2016 所提供的函数很多,以下用【例 3】的《大学信息技术应用基础》成绩统计表中数据为例,介绍几个常用函数的使用。

(1)求和函数 SUM(numberl, number2, ...):计算参数 numberl,number2,... 中所有数值的和。

例如,求全体同学的成绩总和:=SUM(F3:F10),计算结果为 631。

(2)均值函数 AVERAGE(numberl, number2, ...):计算参数 numberl,number2,... 的平均值。

例如,求全体同学的平均成绩:=AVERAGE(F3:F10),计算结果为 79。

(3)计数函数 COUNT(value1, value2, ...),计算参数 value1,value2,... 中包含数字的单元格以及参数列表中的数字的个数。

例如,求共有几位同学:=COUNT(F3:F10),计算结果为 8。

(4)条件计数函数 COUNTIF(range, criteria):计算参数 range 区域中,满足指定条件 criteria 的单元格个数。

例如,求期末考试及格的同学有几位:=COUNTIF(E3:E10,">=60"),计算结果为 7。

（5）最大值函数 MAX(numberl, number2, ...)：计算参数 numberl, number2, ... 中的最大值。

例如，求期末考试的最高分：=MAX(E3:E10)，计算结果为95。

（6）最小值函数 MIN(numberl, number2, ...)：计算参数 numberl, number2, ... 中的最小值。

例如，求期末考试的最低分：=MIN(E3:E10)，计算结果为51。

（7）条件函数 IF(logical_test, value_if_true, value_if_false)：根据条件 logical_test 求值，如果 logical_test 为真，则结果为 value_if_true，反之结果为 value_if_false。

例如，求"吴青青"的期末考试是否及格：=IF(E8>60,"及格","不及格")，计算结果为"及格"。

（8）查找函数 LOOKUP(lookup_value, lookup_vector, [result_vector])：在单行或单列区域 lookup_vector 中查找值 lookup_value，返回 lookup_vector 中相同位置的值。

例如，查找"吴青青"所在的班级：=LOOKUP("吴青青",A3:A10,B3:B10)，计算结果为"文秘"。

（9）查找函数 VLOOKUP(lookup_value, table_array, col_index_num, [range_lookup])：在区域 table_array 的第一列中查找 lookup_value，查找到该值后，返回区域 table_array 中该值所在行的 col_index_num 列的值。

例如，查找"吴青青"的期末考试成绩：=VLOOKUP("吴青青",A3:F10,5,FALSE)，计算结果为89。

（10）排位函数 RANK.AVG(number, ref, order)：返回 number 在一列数值 ref 中的大小排名。

例如，计算"吴青青"的成绩排名：=RANK.AVG(F8,F3:F10,0)，计算结果为3。

2. 插入函数

在 Excel 2016 中输入函数的常用方法有以下3种：

（1）使用功能区按钮选择函数。具体操作步骤如下：

① 选中要输入公式的单元格。

② 单击"公式"→"函数库"功能组相应的函数类别按钮，如单击"自动求和"按钮下方的小箭头，在展开的下拉列表中单击所需选项，如"求和"。

③ 系统自动产生一公式。如果 Excel 自动推荐的数据区域并不是所需计算的区域，可以重新选择计算区域；如果有多个不连续的单元格区域，可以按住"Ctrl"键继续选择所需单元格区域。

④ 按回车键完成函数的输入，并显示公式的计算结果。

（2）使用"插入函数"对话框输入函数。如果创建带函数的公式，可使用"插入函数"对话框，该对话框将显示函数的名称、格式、功能及各个参数的说明、函数的当前结果以及整个公式的当前结果。具体操作步骤如下：

① 选中要输入公式的单元格。

② 单击"公式"→"函数库"→"插入函数"按钮，打开"插入函数"对话框，如图5-28所示。

③ 在"或选择类别"的下拉列表中选择函数类别，如"常用函数"；在"选择函数"列表框中选择函数，如 SUM，在对话框的下方显示被选函数的格式及功能描述，单击"确定"按钮，打开图5-29所示"函数参数"对话框。

图 5-28　"插入函数"对话框

图 5-29　"函数参数"对话框

④ 如果 Excel 自动推荐的数据区域并不是所要计算的区域,可重新选择计算区域。

⑤ 如果有多个单元格区域,可以继续在 Number2 参数框中输入数值、单元格或单元格区域引用。参数输入完毕后,单击"确定"按钮,完成函数的输入,单元格将显示公式的计算结果。

(3)直接在单元格中输入函数。如果对所用函数十分熟悉,可以直接输入函数。

若要更轻松地创建和编辑公式,并将键入错误和语法错误减到最少,可使用"公式记忆式键入"。当键入=(等号)和开头的几个字母后,Excel 会在单元格的下方显示一个动态下拉列表,该列表中包含与这几个字母相匹配的有效函数、参数和名称。比如当键入"=SUM"时,系统自动展开以 SUM 开头的函数名下拉列表。此时,可以单击选择所需函数名,系统自动输入左括号,并会出现函数格式的提示。

3. 自动求和

求和是 Excel 表格处理中最常用的运算,Excel 特别设计了强大的自动求和功能。

自动求和的具体操作步骤如下:

① 选定要存放自动求和结果的单元格,如一列数据的下方单元格或者一行数据的右侧单元格。

② 单击"开始"→"编辑"→"求和"按钮(Σ 自动求和),或单击"公式"→"函数库"→"自动"按钮(Σ 自动求和),Excel 将自动出现求和函数 SUM 以及求和数据区域。

③ 如果 Excel 自动推荐的数据区域并不是所要计算的区域,可重新选择计算区域,然后按回车键,即可得到计算结果。

4. 常见错误

在公式和函数的输入和编辑过程中,会出现一些错误,常见的错误见表 5-2。

表 5-2　公式和函数的常见错误原因和解决方法

错误	原因	解决方法
＃＃＃＃	输入到单元格中的数值太长或公式产生的结果太长,单元格容纳不下	适当增加列宽度
＃DIV/0！	出现被 0(零)除,如在公式中有除数为零,或除数为空白的单元格	修改单元格引用,或者在用作除数的单元格中输入不为 0 的值

错误	原因	解决方法
＃N/A	当在函数或公式中没有可用的数值时，将产生错误值#N/A	如果工作表中某些单元格暂时没有数值，在这些单元格中输入#N/A，公式在引用这些单元格时，将不进行数值计算，而是返回#N/A
＃NAME？	在公式中使用了 Microsoft Excel 不能识别的文本	确认使用的名称确实存在，如果所需的名称没有被列出，添加相应的名称；如果名称存在拼写错误，修改拼写错误
＃NULL！	使用了不正确的区域运算符或引用的单元格区域的交集为空	改正区域运算符使之正确或更改引用使之相交
＃NUM！	公式或函数中某些数字有问题，如当公式需要数字型参数时，我们却给了它一个非数字型参数；给了公式一个无效的参数；公式返回的值太大或者太小	检查数字是否超出限定区域，确认函数中使用的参数类型是否正确
＃REF！	单元格引用无效，如删除了被公式引用的单元格；把公式复制到含有引用自身的单元格中	更改公式，避免导致引用无效的操作，如果已经出现错误，先撤销，然后用正确的方法操作
＃VALUE！	使用错误的参数或运算对象类型	更正公式或函数所需的参数的数据类型或参数类型，保证公式引用的单元格包含有效数值

5.7　排序、筛选、分类汇总表格数据

Excel 2016可以利用数据清单对工作表中的数据进行排序、筛选、分类汇总等操作，满足用户的数据管理和分析的要求，为日常工作带来极大的方便。

数据清单是包含一组相关数据的一系列工作表数据行。数据清单在每一列的最上面必须有标志，在标志下面是连续的表格数据区。在数据清单中第一行存放各列的列标题，称为字段名，每一行称为记录，每一列称为字段。

5.7.1　数据的排序

排序是指按一定规则对数据进行重新排列。用于做排序的字段名称为"关键字"，关键字可以是一个，也可以是多个。使用多个关键字进行排序，称为"多重排序"。在多重排序中，第一个关键字叫"主关键字"，第二个关键字叫"次关键字"。当使用主关键字排序时出现优先级别相同的数据时，就按照次关键字排序。排序内容可按排序区域是否包含标题行，选择有标题或无标题。排序的常用方法有以下两种：

1. 利用功能区按钮快速排序

操作步骤如下：

① 在需排序数据清单中的关键字所在列中选定任意一个单元格。

② 单击"数据"→"排序和筛选"→"升序"或"降序"按钮，或单击"开始"→"编辑"→"排

序和筛选"按钮下方的小箭头,在展开的下拉列表中单击"升序"或"降序"命令,即可完成升序或降序排序。

2. 利用"排序"对话框排序

操作步骤如下:

① 在需排序数据清单中的关键字所在列中选定任意一个单元格。

② 单击"数据"→"排序和筛选"→"排序"按钮,或单击"开始"→"编辑"→"排序和筛选"按钮下方的小箭头,在展开的下拉列表中单击"自定义排序"命令,打开图 5-30 所示"排序"对话框。

图 5-30　"排序"对话框

③ 在"主要关键字"下拉列表框中选择要排序的字段名,然后选中"升序"或"降序"单选按钮。根据需要也可以对"次要关键字"和"第三关键字"进行相应设置。

④ 根据需要可以选中"数据包含标题"复选框。如果不选中"数据包含标题"复选框,表示在排序时不包括标题行;如果选中"数据包含标题"复选框,表示标题行也同时进行排序。

⑤ 单击"确定"按钮,完成数据排序。

【例 4】　在【例 3】的《大学信息技术应用基础》成绩统计表中,对成绩按降序进行排序。

具体操作步骤如下:

① 在"成绩"列中选定任意一个单元格。

② 单击"数据"→"排序和筛选"→"降序"按钮,即成绩的降序排列如图 5-31 所示。

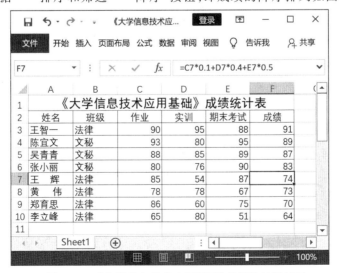

图 5-31　《大学信息技术应用基础》成绩统计表(四)

5.7.2 数据的筛选

筛选用于显示数据清单中符合指定条件的数据,隐藏不满足指定条件的数据,以满足用户不同的浏览和分析要求。Excel 2016提供了自动筛选和高级筛选两种筛选数据的方法。

1. 自动筛选

使用自动筛选能够迅速处理数据清单,快速查找数据。在选择自动筛选命令之前,必须确定数据清单中有标题行,即字段名称,否则不能顺利进行自动筛选。具体操作步骤如下:

(1)设置自动筛选。

① 选定数据清单中的任意一个单元格。

② 单击"数据"→"排序和筛选"→"筛选"按钮,或单击"开始"→"编辑"→"排序和筛选"按钮下方的小箭头,在展开的下拉列表中单击"筛选"命令,此时每个列标题的右侧出现一个下拉箭头按钮。

③ 单击需要筛选列的列标题下拉箭头按钮,在下拉列表框中选择"数字筛选"或"文本筛选",可在弹出的列表中选择筛选条件,即可完成筛选。

如果在下拉列表框中选择"自定义筛选"选项,可在"自定义自动筛选方式"对话框中设置筛选条件。

如果在下拉列表框中选择"前10个"选项,打开"自动筛选前10个"对话框,在第一个列表框中选择"最大"或者"最小",在第二个微调框中输入数值,在第三个列表框中选择"项"或者"百分比",即可显示最大或最小的指定数目或百分比的数据项。

(2)取消自动筛选。取消自动筛选,即恢复显示数据清单中的所有数据,有以下方法:

① 取消对某一列数据的筛选:单击该列下拉箭头按钮,从弹出的下拉列表中选择"全选"选项,将显示所有数据。

② 取消对所有列的筛选:单击"数据"→"排序和筛选"→"清除"按钮,或"开始"→"编辑"→"排序和筛选"按钮下方的小箭头,在展开的下拉列表中单击"清除"命令。

③ 撤销筛选:单击"数据"→"排序和筛选"→"筛选"按钮,或单击"开始"→"编辑"→"排序和筛选"按钮下方的小箭头,在展开的下拉列表中单击"筛选"命令,此时每个列标题的右侧下拉箭头按钮就会消失。

【例5】 在【例4】的《大学信息技术应用基础》成绩统计表中设置自动筛选。

具体操作步骤如下:

① 选定数据清单中的任意一个单元格。

② 单击"数据"→"排序和筛选"→"筛选"按钮。

③ 单击"班级"列的列标题下拉箭头按钮,从弹出的下拉列表框中选择"文秘",即可完成筛选,只显示"文秘"班的学生记录,如图5-32所示。

第 5 章　Excel 2016 使用

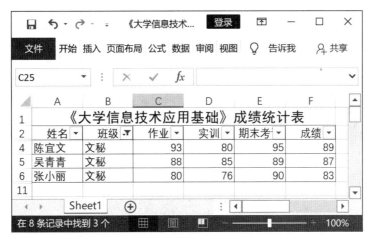

图 5-32　《大学信息技术应用基础》成绩统计表(五)

2. 高级筛选

利用高级筛选可以进行更复杂的筛选操作。进行高级筛选时,必须先建立一个条件区域,条件区域必须与其他数据区域之间有空行或空列分隔开。具体操作步骤如下:

(1)建立条件区域。

① 第一行是所有作为筛选条件的字段名,这些字段名与数据清单中的字段名必须完全相同。

② 其他行输入筛选条件,在同一行中输入多个条件,则条件之间是"与"的关系;条件放在不同的行中,则条件之间是"或"的关系,如要筛选"作业""实训""期末考试"和"成绩"均大于80的学生,筛选条件设置如图5-33所示。

图 5-33　条件区域和筛选结果

（2）高级筛选操作。

① 选定数据清单中的任意一个单元格。

② 单击"数据"→"排序和筛选"→"高级"按钮,弹出"高级筛选"对话框。

③ 在"方式"选区中选中"在原有区域显示筛选结果"单选按钮,可将筛选结果显示在原数据清单中;选中"将筛选结果复制到其他位置"单选按钮,可将筛选结果显示在其他工作表中,如图5-34所示。

图5-34 "高级筛选"对话框

④ 在"列表区域"文本框中指定要筛选的区域($A$2:$F$10);在"条件区域"文本框中指定条件区域(!$A$12:$D$13),在"复到到"文本框中指定筛选后要复制到的位置(Sheet!$A$15),如图5-34所示。

⑤ 如果要筛选掉重复的记录,应该选中"选择不重复的记录"复选框。

⑥ 单击"确定"按钮,即可显示数据筛选结果,如图5-33所示。

5.7.3 数据的分类汇总

分类汇总是对数据清单中指定的字段进行分类,然后统计同一类记录的相关信息,如统计同一类记录的记录条数,计算同一类记录的数据的和、平均值或标准偏差等。还可以对分类汇总后不同类别的明细数据进行分级显示。

1. 创建分类汇总

要创建数据清单的分类汇总,具体操作步骤如下:

① 对需要分类汇总的字段进行排序。

② 选定数据清单中的任意一个单元格。

③ 单击"数据"→"分级显示"→"分类汇总"按钮,弹出"分类汇总"对话框。

④ 在"分类字段"下拉列表中选择用来分类汇总的列字段名;在"汇总方式"下拉列表中选择用于计算分类汇总的函数;在"选定汇总项"列表框中选中与其汇总计算的数值列对应的复选框。

⑤ 单击"确定"按钮,完成分类汇总。

2. 删除分类汇总

① 选定数据清单中的任意一个单元格。

② 单击"数据"→"分级显示"→"分类汇总"按钮,在弹出的"分类汇总"对话框中单击"全部删除"按钮,如图5-35所示,即可删除分类汇总。

【例6】　在【例4】的《大学信息技术应用基础》成绩统计表中对班级进行分类汇总。

具体操作步骤如下:

① 在"班级"列中选定任意一个单元格,单击"数据"→"排序和筛选"→"降序"按钮,完成对班级的排序。

② 单击"数据"→"分级显示"→"分类汇总"按钮,在"分类汇总"对话框的"分类字段"下拉列表中选择"班级";在"汇总方式"下拉列表中选择"平均值";在"选定汇总项"列表框中选中"成绩"复选框,如图5-35所示;单击"确定"按钮后,数据表效果如图5-36所示。

图5-35　"分类汇总"对话框

	A	B	C	D	E	F	G
1	《大学信息技术应用基础》成绩统计表						
2	姓名	班级	作业	实训	期末考试	成绩	
3	陈宜文	文秘	93	80	95	89	
4	吴青青	文秘	88	85	89	87	
5	张小丽	文秘	80	76	90	83	
6		文秘 平均值				87	
7	王智一	法律	90	95	88	91	
8	王　辉	法律	85	54	87	74	
9	黄　伟	法律	78	78	67	73	
10	郑育思	法律	86	60	75	70	
11	李立峰	法律	65	80	51	64	
12		法律 平均值				74	
13		总计平均值				79	
14							

Sheet1

图5-36　《大学信息技术应用基础》成绩统计表(六)

3. 分级显示

对数据清单进行分类汇总后,在行标题的左侧出现了一些新的标志,称为分级显示符号,它主要用于显示或隐藏某些明细数据。单击"隐藏明细数据"按钮(⊟),表示将当前级的下一级明细数据隐藏起来;单击"显示明细数据"按钮(⊞),表示将当前级的下一级明细数据显示出来。

分类汇总的左上角有一排数字按钮(１２３),单击第一个按钮为第一层,代表总的汇总结果范围;单击第二个按钮为第二层,可以显示分类汇总与总和;单击第三个按钮为第三层,可以显示所有的明细数据。

5.8　图表分析表格数据

Excel 2016提供了丰富的图表功能,可以把工作表中的数据用图表的形式更直观地显示出来,把数据的变化趋势展现得更清晰、直观。

5.8.1　创建图表

Excel 2016图表分标准图表和迷你图两类,其标准图表在以往版本的柱状图、条形图、折线图、饼图、曲面图等类型的基础上,又新增了树状图、旭日图、直方图、排列图、箱形图与瀑布图。

1. 创建迷你图

迷你图是在工作表单元格背景中嵌入的一个微型图表,迷你图有折线图、柱形图、盈亏图三种类型。创建迷你图的具体操作步骤如下:

① 选择要创建迷你图的数据区域。

② 单击"插入"→"迷你图"→"折线图"按钮,弹出"创建迷你图"对话框,如图5-37所示。

③ 选择迷你图的"数据范围",如 C3:E3;选择放置迷你图的"位置范围",如 $G$3,单击"确定"按钮。

④ 选定单元格 G3,将鼠标置于该单元格的填充柄,按住左键并向下拖动鼠标至单元格 G10,释放鼠标即可完成迷你图的复制,结果如图5-38所示。

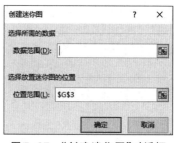

图5-37　"创建迷你图"对话框

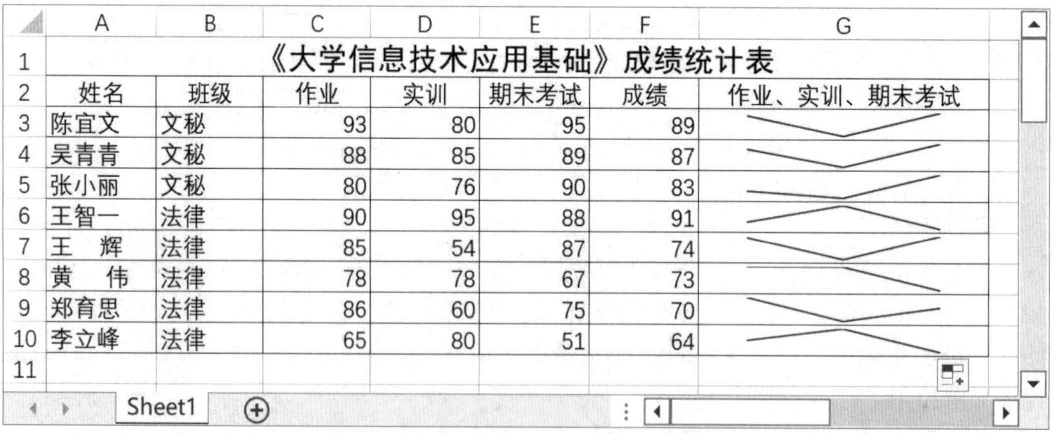

	A	B	C	D	E	F	G
1			《大学信息技术应用基础》成绩统计表				
2	姓名	班级	作业	实训	期末考试	成绩	作业、实训、期末考试
3	陈宜文	文秘	93	80	95	89	
4	吴青青	文秘	88	85	89	87	
5	张小丽	文秘	80	76	90	83	
6	王智一	法律	90	95	88	91	
7	王　辉	法律	85	54	87	74	
8	黄　伟	法律	78	78	67	73	
9	郑育思	法律	86	60	75	70	
10	李立峰	法律	65	80	51	64	
11							

Sheet1

图5-38　《大学信息技术应用基础》成绩统计表(七)

2. 创建标准图表

创建标准图表的方法主要有以下3种。

（1）使用快捷键快速创建。具体操作步骤如下：

① 选定要创建图表的数据。

② 按"F11"键，即可快速创建一个图表类型为柱形图的图表工作表。

（2）利用功能区按钮创建图表。具体操作步骤如下：

① 选定要创建图表的数据。

② 单击"插入"→"图表"→"柱形图"按钮，在展开的下拉列表中单击"二维柱形图"中的"簇状柱形图"选项，即可快速创建一个图表类型为簇状柱形图的图表工作表。

（3）利用对话框创建图表。具体操作步骤如下：

① 选定要创建图表的数据，如选定数据区域 A2:C10。

② 单击"插入"→"图表"功能组右下角的对话框启动按钮，打开"插入图表"对话框，如图5-39所示。

③ 选择所需的图表类型及子图表类型，单击"确定"按钮即可完成图表的创建。

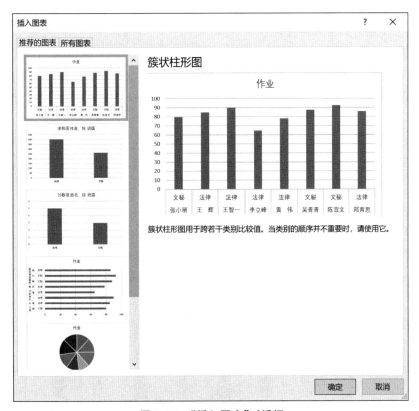

图5-39　"插入图表"对话框

5.8.2　编辑图表

创建好图表后，还可以根据用户要求对图表进行编辑。对图表中的图表项进行编辑和修饰之前，都应先选定图表项。

1. 选定图表项

选定图表项有以下3种方法：

（1）单击图表项，即可选定。

（2）单击图表的任意位置，然后单击"图表工具/格式"→"当前所选内容"→"图表元素"列表框右侧的向下箭头，从弹出的下拉列表中选择要处理的图表项。

（3）选定图表，单击鼠标右键，从弹出的快捷菜单中选择"设置图表区域格式"，打开"设置图表区域格式"窗格，选择要处理的图表选项。

2. 调整图表的大小和位置

（1）调整图表大小。单击选定需调整大小的图表将其选定，将鼠标指针移到8个控点上，当鼠标指针变成空心双向箭头时，按住鼠标左键拖动，即可调整图表的大小。

（2）调整图表位置。单击选定需调整位置的图表将其选定，移动鼠标，当鼠标指针为带有4个方向小箭头的空心箭头时，在图表上按住鼠标左键并拖动图表到需要的位置即可。

3. 更改图表类型

更改图表类型有以下两种方法：

（1）选定需更改类型的图表，单击"图表工具/设计"→"类型"→"更改图表类型"按钮，从弹出的"更改图表类型"对话框中选择合适的图表类型，单击"确定"按钮即可。

（2）选定需改变类型的图表，单击鼠标右键，从弹出的快捷菜单中选择"更改图表类型"命令，弹出"更改图表类型"对话框，重新选择图表类型，单击"确定"按钮即可。

4. 添加数据系列

图表创建后（图5-40），还可以根据需要在图表中添加数据。具体操作步骤如下：

① 单击"图表工具/设计"→"数据"→"选择数据"按钮，打开"选择数据源"对话框，如图5-41所示。

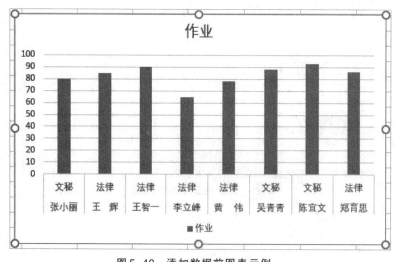

图5-40　添加数据前图表示例

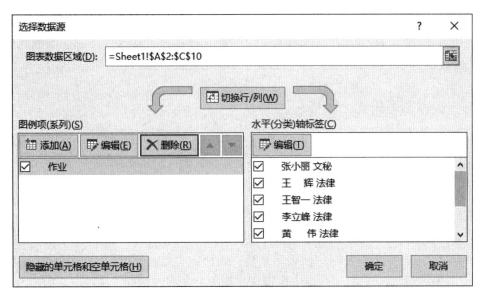

图 5-41　"选择数据源"对话框

② 单击"添加"按钮,打开"编辑数据系列"对话框,在"系列名称"中选择需添加数据系列名称,如 D2(实训),在系列值中选择需添加数据系列值,如 D3:D10,如图 5-42 所示,单击"确定"按钮,返回"选择数据源"对话框。

③ 此时,在"选择数据源"对话框的"图例项(系列)"中已经多了"实训"项了。单击"确定"按钮,即可在图表中添加"实训"数据系列,添加数据后的图表如图 5-43 所示。

图 5-42　"编辑数据系列"对话框

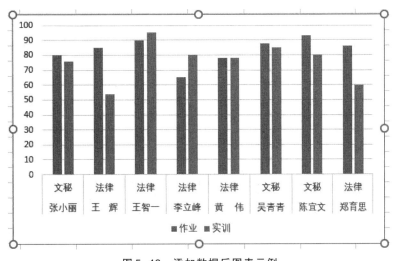

图 5-43　添加数据后图表示例

5. 删除数据系列

在图表中，单击需要删除的数据系列，按"Delete"键即可在图表中删除该数据系列。如果删除数据清单中某个数据系列时，图表中相应的数据系列也会被删除。

5.8.3　设置图表格式

创建好图表后，还可以对图表格式进行设置，如图表的外观、颜色、文字和数字的格式等，下面简要介绍5个图表元素设置的操作方法。

1. 添加图表标题

为图表添加标题的具体操作步骤如下：

① 单击图表将其选定。

② 单击"图表工具/设计"→"图表布局"→"添加图表元素"按钮下方的小箭头，单击列表中的"图表标题"，选择如"图表上方"，即可在图表上方添加"图表标题"。

③ 在"图表标题"文本框中输入需要设置的标题文字。

2. 设置字体

图表中的文字是指图表中的坐标轴、标题及图例等图表选项中的文字。如要设置某图表选项的字体格式，可选择该图表选项，鼠标单击右键，在弹出的快捷菜单中选择"字体"命令，打开"字体"对话框，分别对文字的字体、样式、大小、颜色等进行设置。设置完成后，单击"确定"按钮即可。

3. 设置坐标轴格式

设置坐标轴的操作步骤如下：

① 单击图表将其选定。

② 单击"图表工具/设计"→"图表布局"→"添加图表元素"按钮下方的小箭头，单击列表中的"坐标轴"，选择如"主要纵坐标轴"，即可在图表左侧添加/去除"主要纵坐标轴"。

③ 在图表中单击选择所需设置坐标轴后，单击鼠标右键，在弹出的快捷菜单中选择"设置坐标轴格式"，打开"设置坐标轴格式"窗格，分别对坐标轴的边界、单位等进行设置。

4. 添加网格线

添加网格线的操作步骤如下：

① 单击图表将其选定。

② 单击"图表工具/设计"→"图表布局"→"添加图表元素"按钮下方的小箭头，单击列表中的"网格线"，选择所需设置横纵网格线即可。

5. 添加数据标签

添加数据的操作步骤如下：

① 单击图表将其选定。

② 单击"图表工具/设计"→"图表布局"→"添加图表元素"按钮下方的小箭头，单击列表中的"数据标签"，选择所需显示方式即可。

5.9　打印与输出

在打印工作表之前,需要对工作表进行打印设置,如页面设置、打印机设置等。如果打印预览效果满意,即可打印工作表。

5.9.1　页面设置

页面设置主要对页面、页边距、页眉/页脚和工作表进行设置,使工作表的外观更规范、更美观。单击"页面布局"→"页面设置"功能组相应按钮进行各项设置,或使用"页面设置"对话框进行设置。使用"页面设置"对话框设置的具体操作步骤如下:

① 单击"页面布局"→"页面设置"功能组右下角的对话框启动按钮,弹出"页面设置"对话框如图 5-44 所示。

图 5-44　"页面设置"对话框

② 在"页面"选项卡中,"方向"选区的"纵向"或"横向"单选按钮用来设置纸张的方向;"缩放"选区的"缩放比例"微调框用来设置打印的缩放比例;在"纸张大小"下拉列表中选择

纸张的类型;在"打印质量"列表框中可设定打印质量;在"起始页码"文本框中设置开始打印的页码。

③ 在"页边距"选项卡中,可在"上""下""左""右"框中调整打印数据与页边之间的距离;在"居中方式"选区中选中"水平"或"垂直"复选框,设置数据在纸张上的位置。在"页眉"和"页脚"微调框中输入数值以调整页眉、页脚与上下边之间的距离,这个距离应小于数据的页边距,以免页眉和页脚被数据覆盖。

④ 在"页眉/页脚"选项卡中,单击"页眉"或"页脚"列表框右侧的向下箭头,选择预定义的页眉和页脚格式;也可以单击"自定义页眉"按钮,设置自己喜欢的页眉和页脚。

⑤ 在"工作表"选项卡中的"打印区域"框内输入要打印的单元格区域,则仅打印部分区域;如果工作表有多页,要求每页均有打印表头,则在"顶端标题行"或"左端标题列"框中输入相应的单元格区域,或用鼠标选择工作表中的单元格区域。在"打印"选区可对工作表的打印选项进行设置。

⑥ 设置完成后,单击"确定"按钮,完成工作表的页面设置。

5.9.2 设置打印区域

在一般默认情况下打印区域为打印整个工作表,如果用户只需打印工作表的部分内容,可以设置打印区域。

1. 打印区域的设置

在工作表中选定需要设置打印区域的单元格区域,单击"页面布局"→"页面设置"→"打印区域"按钮,在列表中选择"设置打印区域"命令,即可设置打印区域。

2. 取消打印区域

单击"页面布局"→"页面设置"→"打印区域"按钮,在列表中选择"取消打印区域"命令,即可取消打印区域。

5.9.3 打印

打印的具体操作步骤如下:

① 单击"文件"→"打印"命令,打开"打印"选项卡(图5-45),打印设置显示在左侧,文档的预览显示在右侧。

② 在"打印机"选区可选择要使用的打印机,若要更改打印机的属性,可单击打印机名称下的"打印机属性"。

③ 在"设置"选区,可选择打印范围、打印区域等。

④ 在"份数"微调框中选择或输入文档要打印的份数。

⑤ 查看右侧的打印预览,确认打印效果满意后,单击"打印"按钮,即可开始打印。

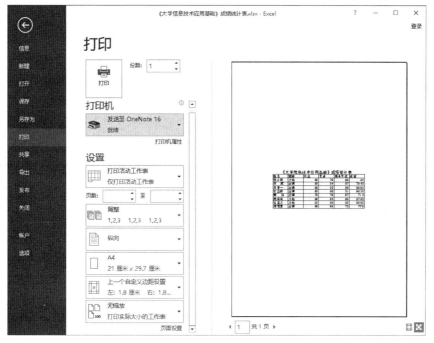

图5-45 "打印"选项卡

本 章 小 结

通过本章的学习,使用户熟悉Excel 2016的基本知识,掌握工作簿、工作表和单元格的基本操作,掌握表格数据的输入、编辑和计算,掌握公式和函数的运用,掌握数据的排序、筛选和分类汇总、图表的创建以及工作表的打印等知识。并能把所学知识运用于实际工作和生活,能熟练制作各种数据表格、数据统计图表,并且对数据进行运算、分析以及预测等。

思考与练习

一、单选题

1. 在Excel 2016中,单元格地址是指(　　　)。

 A. 每个单元格   B. 每个单元格的大小

 C. 单元格所在的工作表   D. 单元格在工作表中的位置

2. 在Excel 2016中,使单元格变为活动的单元格的操作是(　　　)。

 A. 将鼠标指针指向该单元格

 B. 用鼠标单击该单元格

C. 在当前单元格键入该目标单元格地址

D. 不用操作,因为每一个单元格都是活动的

3. 在 Excel 2016 中的某个单元格中输入文字,若要文字能自动换行,可利用"设置单元格格式"对话框的( )选项卡,选中"自动换行"复选框。

A. 数字 B. 对齐 C. 图案 D. 保护

4. 在 Excel 2016 中,下面的输入能直接显示产生分数 1/2 的输入方法是( )。

A. 1/2 B. 0 1/2 C. 0.5 D. 2/4

5. 在 Excel 2016 的单元格内输入日期时,月、日分隔符可以是( )。

A. "/"或"-" B. "."或"|" C. "/"或"\" D. "\"或"-"

6. 在 Excel 2016 中,将工作表 Sheet4 移动或复制到当前工作簿的 Sheet1 前面,可单击"开始"选项卡中的"( )"功能区下的"格式"按钮,在展开的下拉列表中单击"移动或复制工作表"命令。

A. 单元格 B. 编辑 C. 样式 D. 工作表

7. 在 Excel 2016 中,数据可以按图形方式显示在图表中,此时生成图表的工作表数据与数据系列相链接。当修改工作表中这些数据时,图表( )。

A. 不会更新 B. 使用命令才能更新

C. 自动更新 D. 必须重新设置数据区域才更新

二、判断题(对的打"√",错的打"×")

1. Excel 2016 中的公式输入到单元格中后,单元格中会显示出计算的结果。 ( )

2. 在 Excel 2016 中,图表一旦建立,其标题的字体、字形是不可改变的。 ( )

3. 在 Excel 2016 工作表中,若在单元格 C1 中存储一公式"=A$4",将其复制到 H3 单元格后,公式仍为"=A$4"。 ( )

4. 在 Excel 2016 中,如果一个数据清单需要打印多页,且每页有相同的标题,则可以在"页面设置"对话框中对其进行设置。 ( )

三、填空题

1. 在 Excel 2016 中,单元格的引用有绝对引用、_____和混合引用。

2. 在 Excel 2016 中输入数据时,如果输入的数据具有某种内在规律,则可以利用它的_____功能进行输入。

3. 在 Excel 2016 中,假定存在一个数据工作表,内含系科、奖学金、成绩等列项,现要求出各系科发放的奖学金总和,则应先对系科进行_____,然后执行数据功能区的"分类汇总"命令。

4. 在 Excel 2016 中,已知在单元区域 A1:A18 中已输入了数值数据,现要求对该单元区域中数值小于 60 的数据用红色显示,大于等于 60 的数据用蓝色显示,则可对 A1:A18 单元区域使用"开始"选项卡中的"样式"功能区下的"_____"按钮进行设置。

5. 在 Excel 2016 中,公式=Sum(Sheet1:Sheet5!$E$6)表示_____。

第6章　PowerPoint 2016使用

本章要点

★ 演示文稿的基本操作
★ 幻灯片的基本操作
★ 视图模式
★ 幻灯片的制作
★ 演示文稿风格
★ 演示文稿的发布

6.1　演示文稿的基本操作

PowerPoint 2016是微软公司推出的新一代办公软件Microsoft Office 2016中的一个组件,它可以制作集文字、图形、图像、音频及视频等多媒体对象于一体的演示文稿,将学术交流、辅助教学、广告宣传、产品演示等信息以轻松、高效的方法展示出来。PowerPoint 2016常用于产品演示、广告宣传、电子教学、会议流程、销售简报、业绩报告等方面的电子演示文稿制作,并以幻灯片的形式播放,能达到很好的演示效果。

与之前的版本相比,PowerPoint 2016新增了以下功能:

(1)新增6种图表类型。可视化对于有效的数据分析以及具有吸引力的故事分享至关重要。在 PowerPoint 2016 中,添加6种新图表,帮助创建财务或分层信息的一些最常用的数据可视化,以及显示数据中的统计属性。

(2)"操作说明搜索"框。PowerPoint 2016 功能区上有一个搜索框"告诉我您想要做什么",可以在其中输入想要执行的功能或操作。

(3)墨迹公式。增加手动输入复杂的数学公式。如果拥有触摸设备,则可以使用手指或触摸笔手动写入数学公式,PowerPoint 会将它转换为文本。

(4)屏幕录制。特别适合演示,只需设置想要在屏幕上录制的任何内容,然后转到"插入"→"屏幕录制",能够通过一个无缝过程选择要录制的屏幕部分、捕获所需内容,并将其直接插入到演示文稿中。

（5）Office 主题。有 4 个可应用于 PowerPoint 的 Office 主题：彩色、深灰色、黑色和白色。

（6）智能查找。当选择某个字词或短语，右键选中并单击它，并选择智能查找，Power-Point 2016 就会打开定义，定义来源于网络上搜索的结果。

（7）变形切换效果。PowerPoint 2016 附带全新的切换效果类型"变形"，可在幻灯片上执行平滑的动画、切换和对象移动。

启动 PowerPoint 2016，显示 PowerPoint 的工作界面，如图 6-1 所示，包括文件按钮、快速访问工具栏、标题栏、窗口操作按钮、帮助按钮、功能区、幻灯片/大纲浏览窗格、幻灯片窗格、备注窗格、滚动条、状态栏、显示比例和适应窗口大小按钮等。

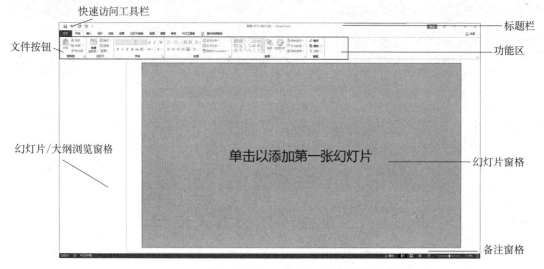

图 6-1　PowerPoint 2016 工作界面

6.1.1　新建演示文稿

在 PowerPoint 工作界面中，单击"文件"→"新建"命令，在打开的"新建"窗口中选择"空白演示文稿"或其他可选用的模板和主题创建演示文稿。下面介绍两种常用的创建演示文稿的方法，包括样本模板和创建空白演示文稿。

1. 利用样本模板创建演示文稿

使用样本模板或者主题创建演示文稿，可以保持各幻灯片风格统一。在 PowerPoint 2016 中，各种模板按照不同风格设置好了演示文稿的颜色、背景图案及幻灯片的版式等；选定所需的模板类型后，就可以方便地制作幻灯片了。使用样本模板创建演示文稿的方法如下：

（1）单击"文件"→"新建"命令，打开"新建"窗口，如图 6-2 所示。

（2）在"新建"窗口中，在已提供的模板库中选择模板，如"麦迪逊"，如图 6-3 所示。

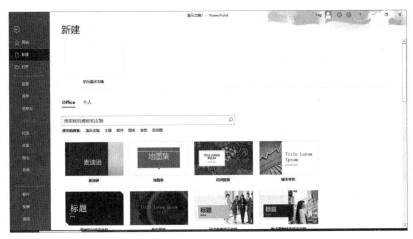

图 6-2　"新建"窗口

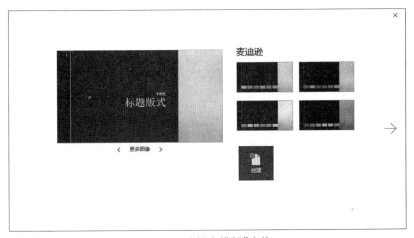

图 6-3　"样本模板"窗格

（3）在"样本模板"窗格的预览图列表中，根据演示文稿要表现的内容和自己喜好选择一种设计模板。双击该预览图或"创建"按钮，即可完成演示文稿的创建，如图6-4所示。

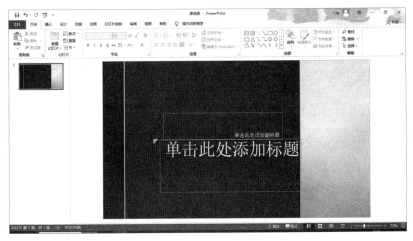

图 6-4　创建完成"画廊"演示文稿

(4)单击"文件"→"另存为"命令,在弹出的"另存为"对话框中输入文件名,单击"另存"按钮保存文件。

2. 利用空白演示文稿创建演示文稿

空白演示文稿由不带任何模板设计但带有布局格式的空白幻灯片构成,是建立演示文稿最常用的方式。用户可以在空白的幻灯片上设计出具有鲜明个性的背景色彩、配色方案、文本格式和图片等对象,创建有特色的演示文稿。使用"空演示文稿"创建演示文稿的方法如下:

(1)单击"文件"→"新建"命令,打开"新建"窗口。

(2)在"新建"窗口中选择"空白演示文稿"命令,这样就可建立一个空白演示文稿,如图6-1所示。

6.1.2 打开与关闭演示文稿

1. 打开 PowerPoint 演示文稿

如果要对已保存的演示文稿进行处理,如阅读、编辑、排版或打印等,都必须先打开该文档。打开文档有以下2种方法:

(1)在 PowerPoint 工作界面打开文档。

① 利用菜单或工具栏打开文档。单击"文件"→"打开""浏览"命令,弹出图6-5所示的"打开"对话框;在右边树形文件列表框中选择文档所在的文件夹,选择需要打开的文档,单击"打开"按钮,即可打开该文档。

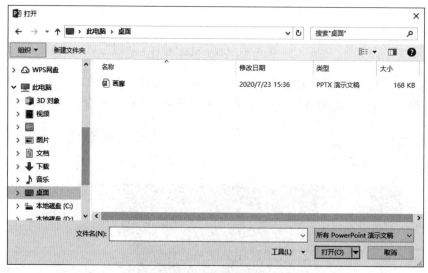

图6-5 "打开"对话框

② 打开最近使用过的文档。要打开最近使用过的文档,可单击"文件"→"打开"→"最近"命令,在列出的最近使用过的文档中,只需单击某个文件名,即可打开相应的文档。

(2)利用"此电脑"或"文件资源管理器"打开文档。

打开"此电脑"或"文件资源管理器"窗口,切换到文档所在的文件夹,双击该文档的文件图标,即可打开文档。

2. 关闭PowerPoint 演示文稿

文档处理完毕,保存后就可以关闭了。关闭文档的方法有以下两种:

(1)单击"标题栏"上的"关闭"按钮。

(2)单击"文件"→"关闭"命令。

6.1.3　保存演示文稿

1. 保存新建的演示文稿

PowerPoint在新建演示文稿时,自动将新演示文稿暂时命名为"演示文稿1""演示文稿2"……但还没有保存到磁盘中。因此保存新建演示文稿时,可以为演示文稿重新指定一个文件名,具体操作步骤如下:

① 单击"文件"→"保存"命令,将出现图6-6所示的"另存为"对话框。

图6-6　"另存为"对话框

② 选择保存演示文稿的位置,如果不改动,则将演示文稿保存在默认文件夹"我的文档"中。在"保存类型"下拉列表中选择保存文档的文件类型,如果不改动,则为默认类型.pptx。

③ 在"文件名"文本框中输入一个新的文件名。若不输入,则PowerPoint会以新建演示文稿的顺序作为文件名进行保存。

④ 单击"保存"按钮,完成文件的保存。

2. 保存已有的演示文稿

单击"文件"→"保存"命令,或单击"快速访问"工具栏上的"保存"按钮,即可保存。

因为是同名保存已有文档,所以不会弹出"另存为"对话框,直接把修改后的文档保存到原来的文件夹中,覆盖修改前的文档。

如果想保留原来的文件,可单击"文件"→"另存为"命令,以不同的文件名保存或保存在不同的位置即可。

6.2 幻灯片的基本操作

6.2.1 新建幻灯片

演示文稿中的一页称为幻灯片。

1. 新建幻灯片

新建幻灯片有两种方法,一种是新建默认版式的幻灯片,另一种是新建不同版式的幻灯片。

(1)新建默认版式的幻灯片。具体操作步骤如下:

① 启动PowerPoint后将默认新建一个名为"演示文稿1"的演示文稿,其中自动包含一张幻灯片,一般为"标题幻灯片"版式。

② 在"开始"选项卡的"幻灯片"组中,单击"新建幻灯片"按钮,新建的默认版式幻灯片如图6-7所示,一般为"标题和内容"版式。

图6-7 新建的默认版式幻灯片

(2)新建不同版式的幻灯片。具体步骤如下:

① 在"开始"选项卡的"幻灯片"组中,单击新建幻灯片下拉按钮,展开版式库,如图6-8左图所示。

② 在其展开的版式库中选择相应的版式,即可创建指定版式的幻灯片,图6-8右图所示为新建的指定版式幻灯片。

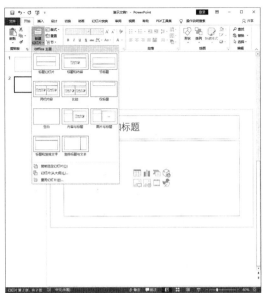

图6-8　新建不同版式幻灯片

2.更改幻灯片版式

更改幻灯片版式是指更改现有的幻灯片的版式,具体操作步骤:单击"开始"选项卡中"幻灯片"组中的"版式"按钮,在展开的下拉列表中选择新版式,如图6-9所示,即可完成更改操作。

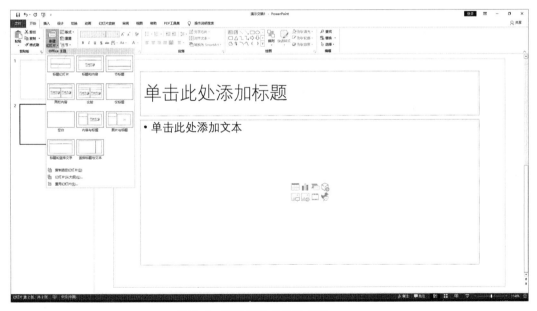

图6-9　下拉列表式的版式库

6.2.2 复制与移动幻灯片

如果需要创建两个内容和布局相似的幻灯片，先复制再对内容进行修改。移动幻灯片是为了让用户能快速地调整幻灯片之间的相对位置关系，让演示文稿更符合用户的表现意图。

1. 复制幻灯片

复制幻灯片的具体操作步骤：在"幻灯片"窗格中选择需要复制的幻灯片，右击幻灯片，在弹出的快捷菜单中单击"复制幻灯片"命令（图6-10），即可在当前幻灯片的下方新建一个相同内容的幻灯片。

2. 移动幻灯片

移动幻灯片有两种操作方式。

第一种操作方式具体步骤：在"幻灯片"窗格中选择需要移动的幻灯片，按住鼠标左键，此时将会出现一条虚线横线，标识了幻灯片移动到的位置，释放鼠标后，幻灯片将被移动到该位置。

第二种操作方式具体步骤：通过右击需要移动的幻灯片，在弹出的快捷菜单中单击"剪切"命令，在将被移动到的目标位置右击，并在弹出的快捷菜单中单击"粘贴"命令，完成移动操作。

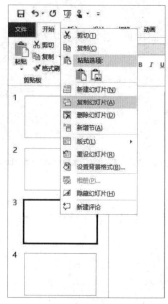

图6-10 "复制幻灯片"命令

6.2.3 删除幻灯片

删除幻灯片的具体步骤：

（1）在需要删除的幻灯片上右击，在快捷菜单中选择"删除幻灯片"命令。

（2）单击选中需要删除的幻灯片，按键盘上的"Delete"键删除幻灯片。

6.3 视图模式

PowerPoint 2016为用户提供了多种视图模式，以便用户在编辑时根据不同的任务要求选择使用。PowerPoint 2016有普通视图、大纲视图、幻灯片浏览视图、备注页视图、阅读视图、幻灯片放映视图等视图模式。

6.3.1 普通视图

普通视图是PowerPoint 2016的默认视图模式，在该视图模式下可以方便地编辑和查看幻灯片的内容、调整幻灯片的结构以及添加备注内容。大纲视图模式下则可以方便调整各幻灯片的前后顺序,在一张幻灯片内可以调整标题的层次级别和前后次序,在大纲窗格中显示演示文稿的文本内容和组织结构,不显示图形、图像、图表等对象。启动 PowerPoint 2016 进入普通视图状态,单击"视图"选项卡,在该选项卡下的"演示文稿视图"组中,单击相应的标签,可在普通视图模式和大纲视图模式之间切换,图 6-11 上图所示为普通视图的幻灯片模式的普通视图,图 6-11 下图所示为大纲视图模式的普通视图。

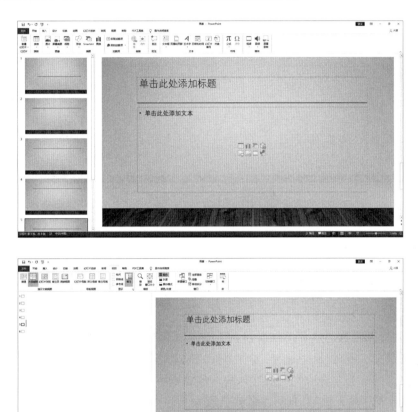

图 6-11　普通视图

6.3.2　幻灯片浏览视图

单击"视图"选项卡,在该选项卡下的"演示文稿视图"组中选择"幻灯片浏览"按钮,切换到幻灯片浏览视图,如图 6-12 所示。

该视图下可浏览演示文稿中的幻灯片,能够方便地对演示文稿的整体结构进行编辑,如选择幻灯片、创建新幻灯片以及删除幻灯片等。但是在这种视图模式下不能对幻灯片内容进行修改。

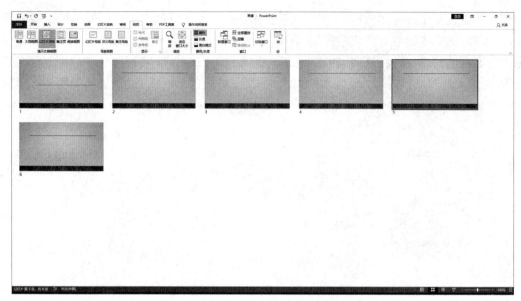

图6-12　幻灯片浏览视图

6.3.3　备注页视图

备注页视图主要用于演示文稿中的幻灯片备注内容的添加或对备注内容进行编辑修改,在该视图模式下无法对幻灯片的内容进行编辑。

使用备注页视图为幻灯片添加备注的方法具体操作步骤:单击"视图"选项卡,在该选项卡下的"演示文稿视图"组中选择"备注页"按钮,切换到备注页视图,如图6-13所示。在备注页视图中,页面上方显示当前幻灯片的内容缩览图,下方显示备注内容占位符,单击该占位符,向占位符中输入内容,即可为幻灯片添加备注内容。

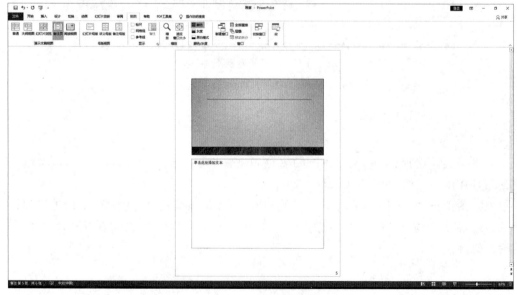

图6-13　备注页视图

6.3.4　阅读视图

设有简单控件以方便在审阅的窗口中查看演示文稿,而不想使用全屏的幻灯片放映视图,可以使用阅读视图。

使用幻灯片放映阅读视图的具体操作步骤:单击"视图"选项卡,在该选项卡下的"演示文稿视图"组中选择"阅读视图"按钮,切换到阅读视图,如图6-14所示。

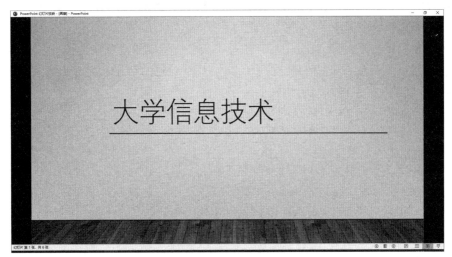

图 6-14　阅读视图

6.3.5　幻灯片放映视图

幻灯片放映视图是用于对演示文稿中的幻灯片进行放映的视图模式。在该视图模式下,可以查看演示文稿中的动画、声音以及切换效果等元素的放映效果,但对幻灯片无法进行编辑。

使用幻灯片放映视图的具体操作步骤:单击"幻灯片放映"选项卡,在该选项卡下的"开始放映幻灯片"组中选择"从头开始"或"从当前幻灯片开始"按钮,切换到幻灯片放映视图,如图6-15所示。

图 6-15　"幻灯片放映"选项卡

进入放映状态后,用户能够查看幻灯片的放映效果。按"Esc"键即可从放映视图模式切换到普通视图模式。

6.4　幻灯片的制作

6.4.1　文字媒体的使用

文字是演示文稿的基本内容，以下介绍输入文字的3种常用方法。

1. 使用占位符输入文字

在普通视图模式下，占位符是幻灯片中被虚线框或者斜线框环绕的部分。一般在每张幻灯片中均提供了占位符，这些占位符中的文字具有一定的字体和字号设置，只需在占位符中直接输入文字，即可得到固定格式的文字，具体操作步骤如下：

① 启动 PowerPoint 2016，默认的空白演示文稿是一个带有两个占位符的演示文稿，如图 6-16 所示。

图 6-16　带有两个占位符的演示文稿

② 在幻灯片的占位符虚线框内单击，虚线框中出现插入点光标，然后输入所需的文字即可，如图 6-17 所示。

图 6-17　输入文字以后的演示文稿

2. 使用大纲视图输入文字

一些演示文稿中展示的文字具有不同的层次结构,有时还需要带有项目符号,而使用大纲视图能够很方便创建这种文字结构的幻灯片,具体操作步骤如下:

① 在普通视图模式下单击"视图"选项卡,在该选项卡下的"演示文稿视图"组中,单击"大纲模式",插入一张空白幻灯片。

② 在"大纲"窗格中选择这张空白幻灯片,然后在幻灯片图标后直接输入幻灯片标题,如图 6-18 所示。

③ 按"Enter"键再插入一张新幻灯片,同样在此幻灯片中输入标题,如图 6-19 所示。

图6-18　空白幻灯片

图6-19　按"Enter"键插入新幻灯片

④ 在"大纲"窗格中选择需要创建子标题的幻灯片,将光标移动到主标题的末尾,按"Enter"键创建一张新幻灯片,然后按"Tab"键将其转换为下级标题,同时输入文字,完成一行后,按"Enter"键输入同级文字,如图6-20所示。以此类推,可以完成演示文稿的层次结构的文本输入。

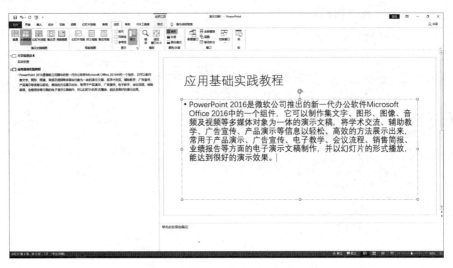

图6-20　按"Enter"键输入同级文字

3. 使用文本框输入文字

幻灯片的占位符是一个特殊的文本框,其出现在幻灯片中固定的位置,包含预设的文本格式。实际上,用户可以根据自己的需要,在幻灯片的任意位置绘制文本框,并能设置文本框的文字格式,从而灵活地创建各种形式的文字,具体操作步骤如下:

① 演示文稿中选择需要插入文本框的幻灯片,然后打开"插入"选项卡。

② 击"文本"组中"文本框"按钮下方的下三角按钮,选择下拉列表中的"绘制横排文本框"命令,如图6-21所示。

③ 拖动鼠标在幻灯片中绘制文本框,然后在文本框中输入文字,如图6-22所示。

图6-21　单击"文本框"按钮下的"横排文本框"命令

图 6-22　在"文本框"中输入文字

　　④ 在完成文本框的文字输入后,往往需要对文本框中的文字格式进行设置,包括设置字体、字号和颜色等。同时,对于文本框中文字段落还需要设置段落间距、段落缩进以及行间距等。

　　选择需要设置格式的文本框,在"开始"选项卡下的"字体"组中设置文本框中文字的格式,如字体、字号和颜色。在文字前单击鼠标放置插入点光标,在"段落"组中单击"项目符号"按钮右侧的下三角按钮,然后在下拉列表中选择需要使用的项目编号样式,如图 6-23 所示。将插入点光标放置到第二行文字前,为该行文字添加项目编号,如图 6-24 所示,并单击"降低列表级别"按钮使得该行成为下一级别的列表。采用上面同样的方法为文本框中各行文字添加项目编号。

图 6-23　选择项目编号样式

图6-24 为文字添加项目编号

⑤ 选择整个文本框,单击"开始"选项卡,在"段落"组中选择"行距"按钮,在下拉列表中选择"行距选项"命令,如图6-25所示。打开"段落"对话框,将"行距"设置为"固定值",在其后的"设置值"增量框中输入合适的行距值(图6-26),单击"确定"按钮关闭对话框,则文本框的段落行距发生变化。

图6-25 单击"行距"按钮下的"行距命令"

图6-26 "段落"对话框

6.4.2 图形图像媒体的使用

1. 外部图片的使用

丰富演示文稿的最好的方法就是在其中加入图片,这样可以达到直接美化的效果,同时也能让表现的内容更加形象化,更加清晰。为幻灯片插入和设置图片,也就是在幻灯片中插入图片,调整图片的大小与位置,并调整图片的显示模式和外观样式,具体操作步骤如下:

① 打开 PowerPoint 2016并选择要插入图片的幻灯片。

② 在"插入"选项卡的"图像"组中单击"图片"按钮,在下拉列表中单击"此设备(D)…",弹出"插入图片"对话框,如图6-27所示。

③ 在"插入图片"对话框中选择需要的图片文件,单击"插入"按钮。此时,在幻灯片中插入了图片,调整图片至合适位置和大小,如图6-28所示。

图6-27 "插入图片"对话框

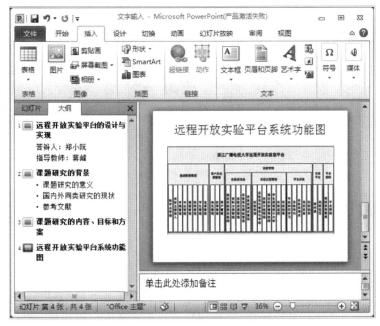

图6-28 插入了图片的幻灯片

2. 自选图形的使用

PowerPoint 2016也提供了普通自选图形和SmartArt图形,可以很方便地绘制流程图、结构图等示意图。在PowerPoint 2016中的SmartArt图形新增了一张图片布局,可在这种布局中使用图片来阐述案例,具体的操作步骤如下:

① 打开PowerPoint 2016并选择要插入图片的幻灯片。

② 在"插入"选项卡的"插图"组中单击"SmartArt图形"按钮,弹出"选择SmartArt图形"对话框,如图6-29所示。

③ 在"选择 SmartArt 图形"对话框选择所需要的图片布局样式,单击"确定"按钮,插入指定图片布局的 SmartArt 图形如图 6-30 所示,在文本框中输入文字。

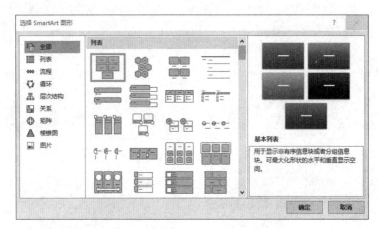

图 6-29　"选择 SmartArt 图形"对话框

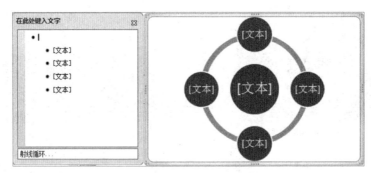

图 6-30　SmartArt 图形

6.4.3　表格的使用

如果需要在演示文稿中添加有规律的数据,可以使用表格来完成。在 PowerPoint 2016 中添加表格有 4 种不同的操作方法:可以在 PowerPoint 2016 中创建表格以及设置表格格式;从 Word 中复制和粘贴表格;从 Excel 中复制和粘贴一组单元格;还可以在 PowerPoint 中插入 Excel 表格。具体执行什么操作,完全取决于用户的实际需求和拥有的资源。

创建表格以及设置表格格式具体的操作步骤如下:

① 打开 PowerPoint 2016 并选择要插入表格的幻灯片,单击"插入"选项卡的"表格"组中"表格"按钮,在展开的下拉列表中拖动选取表格的行数和列数,如图 6-31 所示。

② 拖动完毕,在幻灯片中出现4行、3列的表格,接着在表格中输入文本内容,如图 6-32 所示。

③ 在输入文本内容后选中表格,在"设计"选项卡下单击"表格样式"组中的快翻按钮,在展开的样式库中选择需要的样式,如图 6-33 所示。

④ 如果表格的大小不符合用户的要求,只需选中表格,将鼠标指针置于表格的控制点

上,按住鼠标左键拖动,拖至目标大小后,释放鼠标左键即可得到需要大小的表格,如图6-34所示。

图6-31 选取表格的行数和列数

图6-32 插入了表格的幻灯片

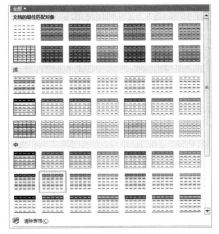

图6-33 表格样式

图6-34 合适的表格

6.4.4 图表的使用

在PowerPoint 2016中插入图表时,是通过"MicroSoft PowerPoint中的图表-MicroSoft Excel"工具进行图表的数据输入。如果事先为图表准备好了Excel格式的数据表,则也可以打开这个数据表并选择所需要的数据区域,这样就可以将已有的数据区域添加到PowerPoint图表中,具体的操作步骤如下:

① 打开PowerPoint 2016并选择要插入图表的幻灯片,单击"插入"选项卡的"插图"组中"图表"按钮,弹出"插入图表"对话框,如图6-35所示。

② 选择图表类型,打开"MicroSoft PowerPoint中的图表"窗口,在其中显示了图表的默认值,如图6-36所示。

③ 在"MicroSoft PowerPoint中的图表"输入数据并删除多余的行,返回幻灯片,可以看到创建的图表。

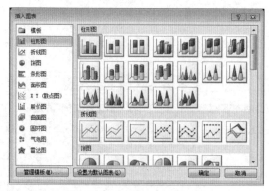

图6-35 "插入图表"对话框

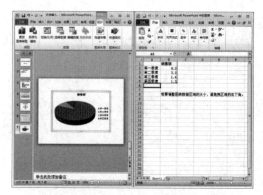

图6-36 图表的默认值

6.4.5 音频的使用

为幻灯片添加音频文件,能够达到强调或实现某种特种效果的目的。向演示文稿添加音频文件之前,最好先将音频文件准备好,具体的操作步骤如下:

① 打开PowerPoint 2016并选择要插入音频的幻灯片,单击"插入"选项卡的"媒体"组中"音频"按钮,在展开的下拉列表中单击"PC上的音频"选项,如图6-37所示。在弹出的"插入音频"对话框中选择已经准备好的音频文件,如图6-38所示。

图6-37 "音频"按钮下的"文件中的音频"选项

图6-38 "插入音频"对话框

② 单击"插入"按钮,此时在当前幻灯片中即显示了声音图标,如图6-39所示。

图6-39 插入了音频的幻灯片

③ 幻灯片中插入声音文件后,程序就会自动在其中创建一个声音图标,用户可以对它执行移动、改变大小等操作。选择声音图标,将出现"音频工具"选项卡(图6-40),选择"播放",在其中可进行声音属性的设置,如音频中添加书签、剪辑音频、设置淡化持续时间、设置音频选项等。

图6-40 "音频工具"选项卡

6.4.6 视频的使用

在演示文稿中插入各类能体现表达内容的视频,再对视频进行适当的编辑,可使内容更加突出,更容易让观众理解。PowerPoint 2016支持的视频格式随着媒体播放器的不同而有所不同,在幻灯片中可以插入的视频格式有10余种。同样,向演示文稿添加视频文件之前,最好先将视频文件准备好,具体的操作步骤如下:

① 打开PowerPoint 2016并选择要插入视频的幻灯片,单击"插入"选项卡的"媒体"组中"视频"按钮,在展开的下拉列表中单击"PC上的视频"选项,在弹出的"插入视频"对话框中选择已经准备好的视频文件,操作方式与插入"音频"文件类似。然后单击"插入"按钮,此时在当前幻灯片中即显示了视频图标,如图6-41所示。

图6-41　插入了视频的幻灯片

② 当幻灯片中插入视频文件后,程序就会自动在其中创建一个视频图标,默认情况下,视频图标画面为视频的第一帧画面。用户可以对它执行移动、改变大小等操作。选择视频图标,将出现"视频工具"选项卡(图6-42),选择"播放",在其中可进行视频属性的设置,如视频中添加书签、剪辑视频、设置淡化持续时间、设置视频选项等。

图6-42　"视频工具"选项卡

6.4.7　交互与动画

交互指的是幻灯片与操作者之间的互动,在 PowerPoint 2016 中通常是通过超链接或者动作来实现,而动画是对象进入和退出幻灯片的方式。没有交互的幻灯片,操作者将无法根据自己的需要对演示文稿的播放进行有效的控制,没有动画的演示文稿会显得非常单调,缺乏感染力。

1. 创建对象动画

动画可以使幻灯片中对象运动起来,实现对某种运动规律的演示,起到强调某个对象的作用,同时也是创建对象出场和退场效果的有效手段。在 PowerPoint 2016 中的任意一个对象都可以添加动画效果,同时可以对添加的动画效果进行设置。

(1)为对象添加动画效果。PowerPoint 2016 为用户创建对象动画提供了大量的动画效果,这些动画效果分为进入、强调、退出和动作路径 4 类,用户可以根据需要选择使用。与以前的版本相比,PowerPoint 2016 幻灯片中对象的动画更为简单,用户可以直接在"动画"选项卡中进行设置。为幻灯片中的对象添加进入动画效果的具体操作步骤如下:

① 打开演示文稿,在幻灯片中选择需要添加动画效果的对象。

② 单击"动画"选项卡的"动画"组中的"动画样式"的快翻按钮,在展开的下拉列表中可以直接选择预设动画应用到选择的对象,如图 6-43 所示。

如果在"动画样式"列表中没有满意的进入动画效果,可以单击列表中的"更多进入效果"选项,打开"更改进入效果"对话框,在对话框中分类列出了所有可用的进入动画效果(图 6-44),选择动画效果,单击"确定"按钮。

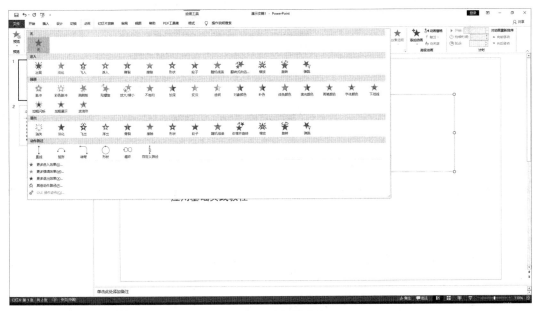

图 6-43　动画样式库

图6-44 "更改进入效果"对话框

③ 单击"预览"按钮将能够预览到当前对象添加的动画效果,如图6-45所示。

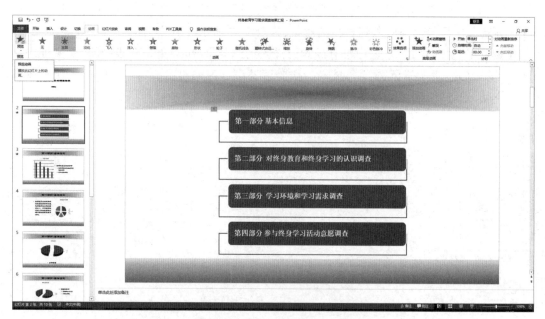

图6-45 预览当前对象的动画效果

(2)设置动画效果。在为对象添加动画后,按照默认参数运行的动画效果往往无法达到满意的效果,此时就需要对动画进行设置,如设置动画开始播放的时间、调整动画速度以及更改动画效果等。对动画效果进行设置的具体操作步骤如下:

① 在幻灯片中选择已经添加动画效果的对象,单击"效果选项"按钮,在下拉列表中单击相应的选项可以对动画的运行效果进行设置,如图6-46所示。

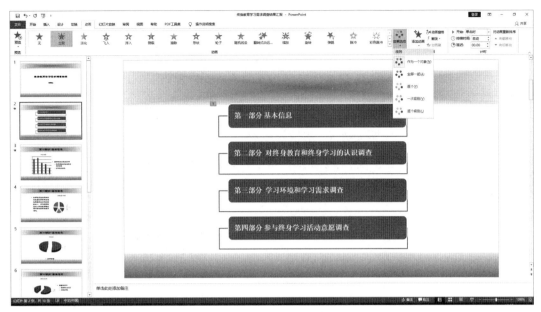

图6-46 "效果选项"按钮

② 单击"开始"下拉列表框上的下三角按钮,在下拉列表中选择动画开始播放的方式,如图6-47所示。在"持续时间"增量框中输入时间值可以设置动画的延续时间,时间的长短决定了动画演示的速度,如图6-48所示。

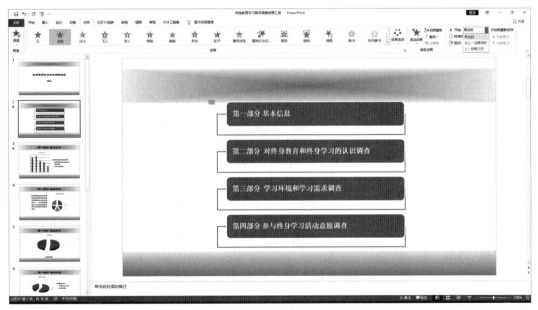

图6-47 设置动画开始播放的方式

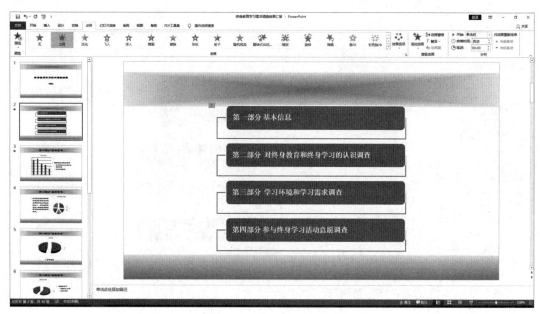

图6-48　设置动画的延续时间

（3）复制动画效果。在PowerPoint 2016中，若要为对象添加与已有对象完全相同的动画效果，可以直接使用"动画刷"来实现，具体操作的步骤如下：

① 在幻灯片中选择添加了动画效果的对象，在"动画"选项卡的"高级动画"组中单击"动画刷"按钮选择动画刷，如图6-49所示。

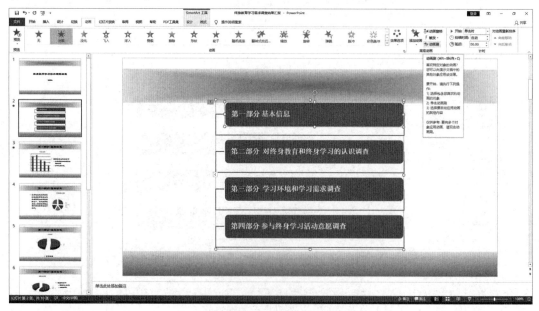

图6-49　"动画刷"按钮

② 使用"动画刷"单击幻灯片中的其他对象，则动画效果将复制给该对象。当向对象添加动画效果后，对象上将出现带有编号的动画图标，编号表示动画播放的先后顺序，选择添加了动画效果的对象，在"动画"选项卡中单击"向前移动"或"向后移动"按钮，可以对动

画的播放顺序进行调整,如图6-50所示。

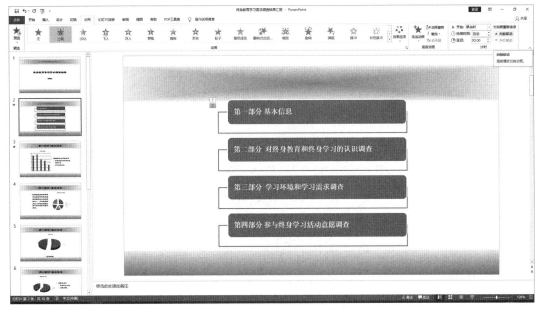

图6-50　调整动画的播放顺序

(4)使用动画窗格。在PowerPoint 2016中,使用"动画窗格"能够对幻灯片中的对象动画效果进行设置,这包括设置动画播放顺序、调整动画播放时长以及打开设置对话框进行更为准确的设置,具体的操作步骤如下:

① 在"动画"选项卡的"高级动画"组中单击"动画窗格"按钮打开"动画窗格",窗格中按照动画的播放顺序列出了当前幻灯片中所有动画效果,单击窗格中的"播放"按钮将播放幻灯片中的动画,如图6-51所示。

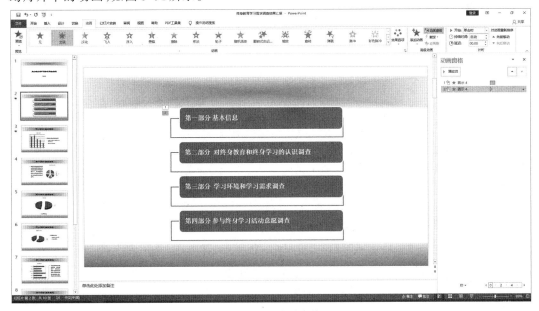

图6-51　动画窗格

② 在"动画窗格"中拖动动画对象,改变其在列表中的位置,改变动画播放顺序,如图6-52所示。

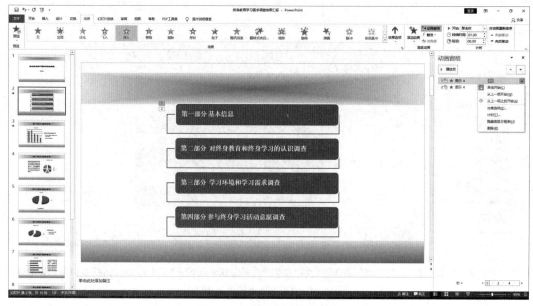

图6-52　改变动画播放顺序

③ 使用鼠标拖动时间条左右两侧的边框可以改变时间条的长度,长度的改变意味着动画播放时间的改变,如图6-53所示。将鼠标放置在时间条上,将会得到动画开始和结束的时间,拖动时间条改变其位置能够改变动画开始的延迟时间,如图6-54所示。

图6-53　时间条的长度

图6-54　动画开始和结束的时间

④ 在"动画窗格"的动画列表中,单击某个动画选项右侧的下三角按钮,在下拉列表中选择"效果选项"选项,如图6-55所示。此时将打开该动画的设置对话框的"效果"选项卡,在该选项卡中可以对动画的效果进行设置,如图6-56所示。

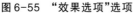

图 6-55 "效果选项"选项

图 6-56 "效果"选项卡对话框

⑤ 在"动画窗格"的动画列表中单击某个动画选项右侧的下三角按钮,在下拉列表中选择"计时"选项,如图 6-57 所示。此时将打开该动画的设置对话框的"计时"选项卡,在该选项卡中可以对动画的计时选项进行设置,如图 6-58 所示。

图 6-57 "计时"选项

图 6-58 "计时"选项卡对话框

2. 创建路径动画

在 PowerPoint 2016 提供的各类动画类型中,大部分都是可以直接选择使用的动画效果,而路径动画则是需要在幻灯片绘制路径的动画。在幻灯片中创建路径动画后,对象将沿着指定的路径移动,这种路径动画可以为用户创建具有个性的复杂动画效果。

PowerPoint 2016 提供了预设路径的路径动画,用户可以直接选择使用,同时用户也可以创建自定义的路径动画。对于预设路径动画,用户还可以根据需要对动画路径进行编辑,具体的操作步骤如下:

① 在幻灯片中添加需要制作路径动画的对象,在"动画"选项卡中单击"添加动画"按钮,在下拉列表的"动作路径"栏中单击需要使用的动画效果,为对象添加该路径动画,如图 6-59 所示。

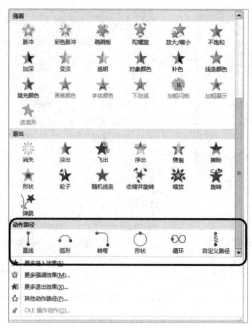

图6-59　"动作路径"栏

② 对象被添加选择的路径动画,幻灯片将显示动画运行的路径,如图6-60所示。

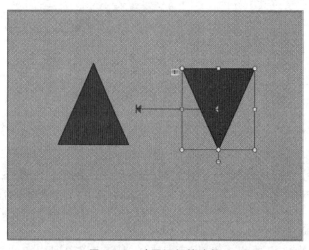

图6-60　动画运行的路径

3.幻灯片的切换效果

切换效果是一种幻灯片的整体动画效果,不是针对幻灯片的某个对象。切换效果决定了在放映新幻灯片时的进入方式,即在放映时,从幻灯片1到幻灯片2,幻灯片2应该以何种方式显示进入。PowerPoint 2016提供了专门的"切换"选项卡,用于为幻灯片添加切换效果,并对切换效果进行设置。

（1）创建切换效果。在PowerPoint 2016中,可以在"切换"选项卡的"切换到此幻灯片"组中直接选择内置的切换效果并将其应用到幻灯片中,具体的操作步骤如下:

① 打开演示文稿,选择需要添加切换效果的幻灯片,在"切换"选项卡的"切换到此幻灯片"组中单击"切换方案"按钮,然后在展开的下拉列表中选择切换效果图6-61,将其应用到幻灯片中,此时幻灯片将添加切换效果。

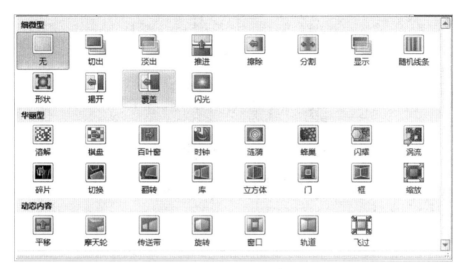

图6-61　"切换效果"库

② 在"切换"选项卡的"预览"组单击"预览"按钮即可预览动画效果,如图6-62所示。

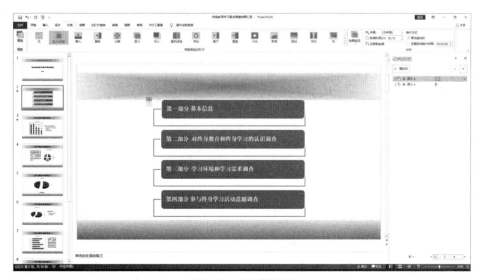

图6-62　"预览"按钮

(2)设置切换效果。为幻灯片添加切换效果后,可以对切换效果进行设置,如为幻灯片的切换添加声音、设置切换动画的速度和切换动作等,具体的操作步骤如下:

① 选择添加了切换效果的幻灯片,在"切换"选项卡的"切换到此幻灯片"组中单击"选项效果"按钮,在下拉列表选择相应的选项可以对切换效果进行设置,如图6-63所示。

② 在"切换"选项卡的"计时"组中单击"声音"下拉列表框,然后在下拉列表中选择需

要使用的声音效果,如图6-64所示。

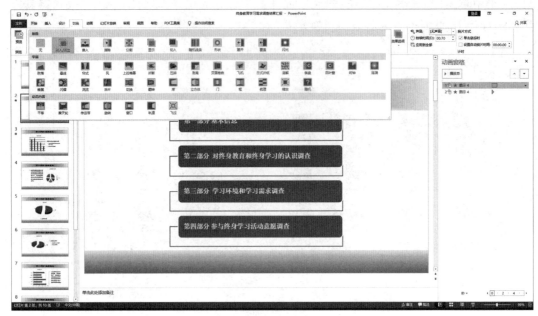

图6-63 "选项效果"下拉列表

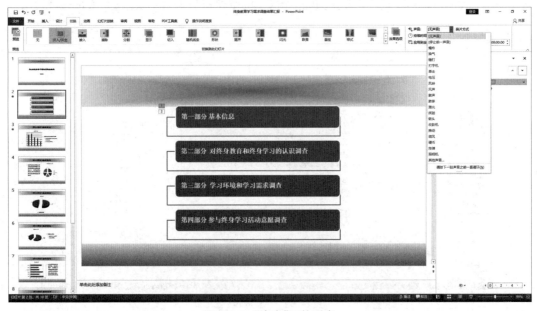

图6-64 "声音"下拉列表

③ 在"计时"组中的"持续时间"增量框中输入数值,可以设置切换动画的持续时间。勾选"设置自动换片时间"复选框,在其后的增量框中输入切换时间值,放映幻灯片时,指定时间之后自动切换到下一张幻灯片,如图6-65所示。

图6-65 "计时"选项卡

4. 交互的实现

演讲者在进行演讲时,往往需要对演示文稿的放映进行控制,这包括对幻灯片播放的导航和幻灯片中演示对象的出现进行控制。演示文稿的好坏,是否容易控制演示内容是一个重要的标准。作为创建演示文稿的PowerPoint 2016,同样能够方便地实现用户对幻灯片放映的控制,创建具有良好交互性的演示文稿。

(1)使用超链接。在PowerPoint 2016演示文稿中,实现幻灯片导航的一种有效方式是使用超链接。在幻灯片中为各种对象添加超链接,通过单击该对象即可实现从演示文稿的一个位置跳转到另一个位置。当然,演示文稿中的这种超链接也可以实现启动外部程序或打开某个Internet网页等操作,这样可以协同其他程序扩展演示文稿的内容。创建超链接一般分为创建超链接和指定超链接目标两步,具体的操作步骤如下:

① 打开需要创建超链接的幻灯片,选择需要创建超链接的对象,在"插入"选项卡的"链接"组中单击"链接"按钮,如图6-66所示。

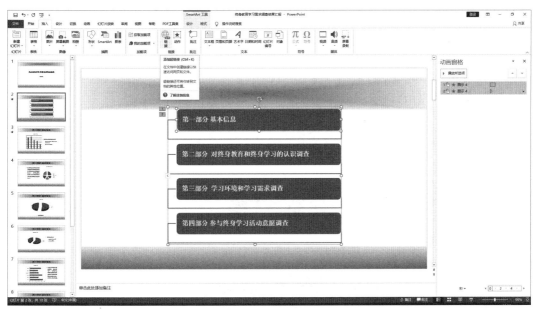

图6-66 "链接"按钮

② 在打开"插入超链接"对话框中"链接到"列表中选择"本文档中位置"按钮,在右侧"请选择文档中的位置"列表中选择链接的目标幻灯片,然后单击确定按钮关闭对话框,为选择对象添加超链接,如图6-67所示。

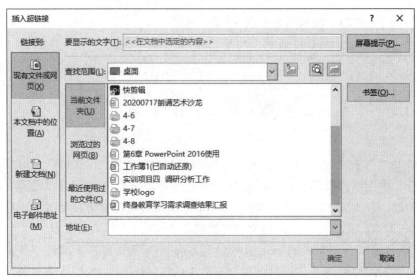

图6-67 "插入超链接"对话框

③ 播放当前幻灯片,鼠标指针放置于文字上,显示为手形时单击该段文字,幻灯片将切换到链接幻灯片。如果需要修改超链接,在幻灯片中选择添加了超链接的对象右击鼠标,选择快捷菜单中的"编辑超链接"打开"编辑超链接"对话框进行修改。

(2)使用动作。在幻灯片中为对象添加动作,可以让对象在单击或鼠标移动过该对象时执行某种特定的操作,如链接到某张幻灯片、运行某个程序、运行宏或播放声音等。动作与超链接相比,其功能更加强大,除了能够实现幻灯片的导航之外,还可以添加动作声音,创建鼠标移过对象时的操作动作,具体的操作步骤如下:

① 打开演示文稿,在幻灯片中插入作为动作导航按钮的图片,选择需要添加动作的对象,在"插入"选项卡的"链接"组中单击"动作"按钮,如图6-68所示。

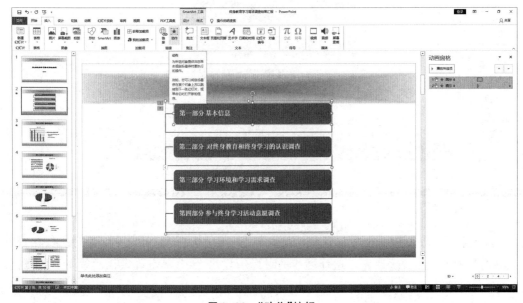

图6-68 "动作"按钮

②　在打开的"动作设置"对话框下拉列表中选择链接目标,将单击动作设置为链接到某个幻灯片(图6-69),单击"确定"按钮完成设置。

③　在幻灯片中鼠标右击添加了动作的对象,选择快捷菜单中的"编辑超链接",打开"编辑超链接"对话框,可以对动作进行修改。

(3)使用动作按钮。为了帮助用户能够快速实现幻灯片导航功能,PowerPoint 2016提供了设计好的动作按钮。这些动作按钮能够直接添加到幻灯片中,其默认的动作就是实现将幻灯片导航到下一张幻灯片、上一张幻灯片、第一张幻灯片和最后一张幻灯片等操作,具体的操作步骤如下:

①　选择需要添加动作按钮的幻灯片,在"插入"选项卡的"插图"组中单击"形状"按钮,然后在下拉列表中选择"动作按钮"栏中的按钮,如图6-70所示。

图6-69　"动作设置"对话框

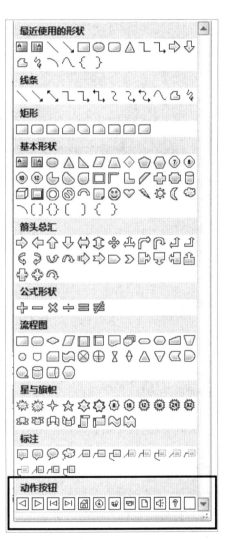

图6-70　动作按钮

②　在幻灯片中拖动鼠标绘制选择的动作按钮,绘制完成后,自动打开"动作设置"对话

框。如果不需要对动作进行修改,直接单击"确定"按钮关闭对话框,完成动作按钮的添加,如图6-71所示。

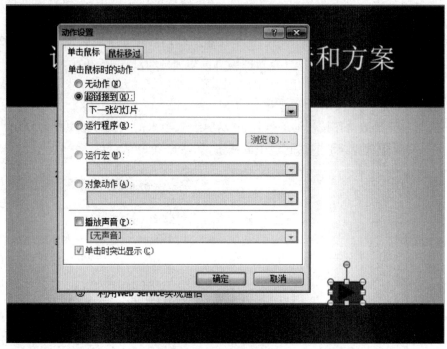

图6-71 "动作设置"对话框

6.5 演示文稿风格

一个演示文稿中每张幻灯片的整体风格一般都需要保持一致、和谐统一。PowerPoint 2016提供了便于实现这个效果的工具,即使用主题、母版和模板。

6.5.1 内置主题

所谓主题,就是指将一组设置好的颜色、字形和图形外观效果整合到一起,即一个主题中结合了这三部分的设置结果。在PowerPoint 2016中,可以使用PowerPoint预置的主题样式或使用根据现有主题样式更改颜色、字体和效果后生成的新主题样式,快速统一演示文稿的外观,具体的操作步骤如下:

① 打开需要设置主题的演示文稿,单击"设计"选项卡"主题"组中的快翻按钮,展开的主题样式库如图6-72所示。从中选择需要应用的内置主题样式,则当前打开的演示文稿中所有的幻灯片即应用了选定的主题样式,如图6-73所示。

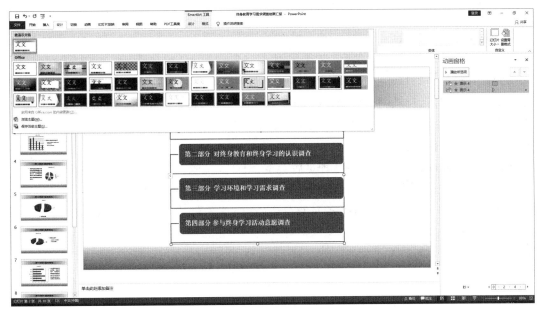

图6-72 主题样式库

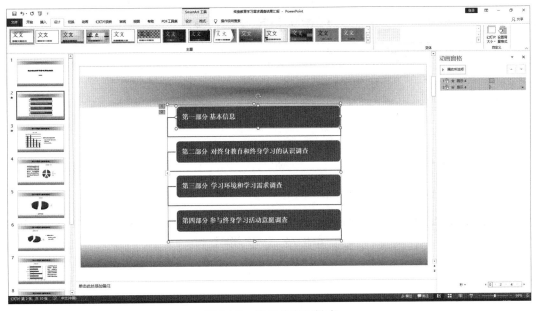

图6-73 选定的主题样式

② 如果希望只对选择的幻灯片应用主题,则首先选择要应用主题样式的幻灯片,打开主题样式库,然后右击要应用的主题样式,从弹出的快捷菜单中单击"应用于选定幻灯片"命令即可。

③ 如果对演示文稿中应用的主题样式不满意,则可以使用主题颜色、主题字体、主题效果对现有演示文稿的颜色、字体和图形外观效果进行设置,从而让演示文稿的外观符合要求。

6.5.2 幻灯片母版

幻灯片母版是幻灯片层次结构中的顶层幻灯片，用于存储有关演示文稿的主题和幻灯片版式的信息，包括背景、颜色、字体、效果、占位符大小和位置。使用幻灯片母版可以减少很多重复性的工作，提高工作效率。更重要的是，使用幻灯片母版可以让整个演示文稿具有统一的风格和样式。

在 PowerPoint 2016 中一共有 3 种母版类型：幻灯片母版、讲义母版、备注母版。

每个演示文稿至少包含一个幻灯片母版，一个幻灯片母版中拥有多个不同的版式，版式是构成母版的元素。图 6-74 所示左侧窗格中第 1 张幻灯片缩略图及其下方的版式幻灯片缩略图统称为母版，而其下方的每张幻灯片缩略图则为版式幻灯片。母版和版式的关系就是包含和被包含的关系。

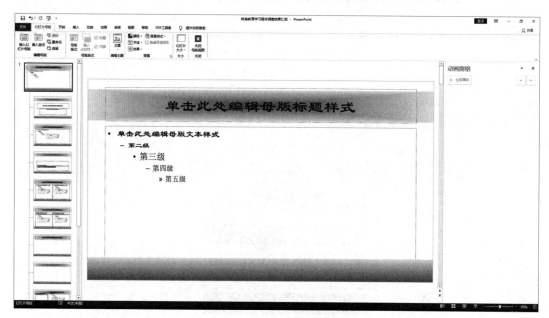

图 6-74 "母版"视图

1. 使用占位符

占位符是幻灯片母版重要的组成要素，用户可以根据需要直接在这些具有预设格式的占位符中添加字符，如图片、文字和表格等。这些占位符的格式以及在幻灯片中的位置可以通过幻灯片母版来进行设置，具体的操作步骤如下：

① 打开演示文稿，单击"视图"选项卡的"母版视图"组中的"幻灯片母版按钮"，进入幻灯片母版视图。

② 在左侧窗格中的母版幻灯片缩览图上选择母版幻灯片，如这里选择"标题幻灯片"母版。在右侧的编辑区中即可重新对该母版进行设计，在这里重新设置副标题文字的颜

色,如图6-75所示。

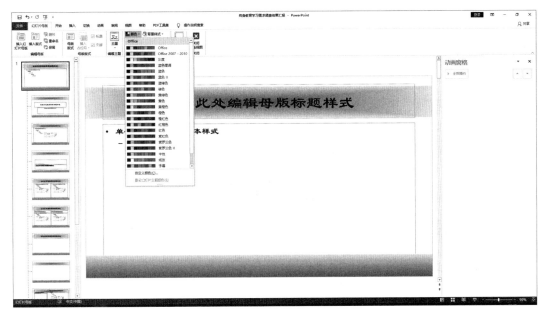

图6-75 设置副标题文字的颜色

③ 在"幻灯片母版"选项卡下单击"插入占位符"按钮下方的下三角按钮,在下拉表中选择需要插入的占位符类型,也可以删除诸如时间、页脚和编号占位符。

2. 设置母版背景

通过设置母版的背景,可以为演示文稿中的幻灯片添加固定的背景,而不再需要每次创建新幻灯片时重新设置背景。创建演示文稿时,一般使用图片或者填充效果作为幻灯片的背景,具体的操作步骤如下:

① 打开演示文稿,单击"视图"选项卡的"母版视图"组中的"幻灯片母版按钮",进入幻灯片母版视图。

② 在幻灯片母版视图模式下的左侧窗格中选择"Office 主题 幻灯片母版"母版,单击"插入"选项卡的"插图"组的"图片"按钮,打开"插入图片"对话框,如图6-76所示。在对话框中选择需要插入的背景图片,单击"插入"按钮完成图片背景的设置。

③ 此时插入的背景图片将会盖住母版中的占位符,还需要对图片进行调整。打开"格式"选项卡,单击"排列"组中的"下移一层"按钮右侧的下三角按钮,在下拉列表中单击"置于底层"选项,图片将置于幻灯片的底层,占位符将显示出来,如图6-77所示。

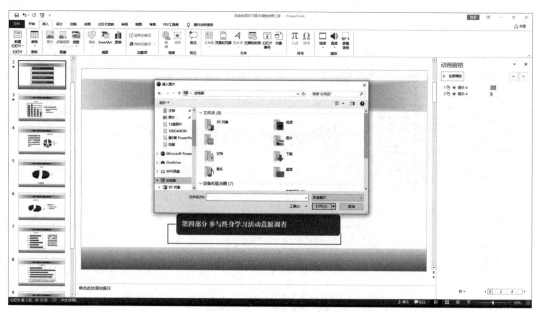

图6-76 "插入图片"对话框

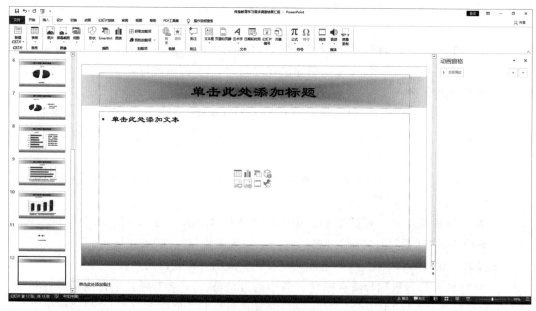

图6-77 要插入的背景图片

3. 管理幻灯片母版

在幻灯片母版视图下，用户可以对幻灯片母版进行添加幻灯片、删除幻灯片和复制幻灯片等操作，同时可以对存在的幻灯片母版进行重命名等操作，具体的操作步骤如下：

① 打开演示文稿，单击"视图"选项卡的"母版视图"组中的"幻灯片母版按钮"，进入幻灯片母版视图。

② 在幻灯片母版视图模式下,在"幻灯片母版"选项卡的"编辑母版"组中单击"插入版式"按钮,即可为幻灯片添加一个版式母版,如图6-78所示。

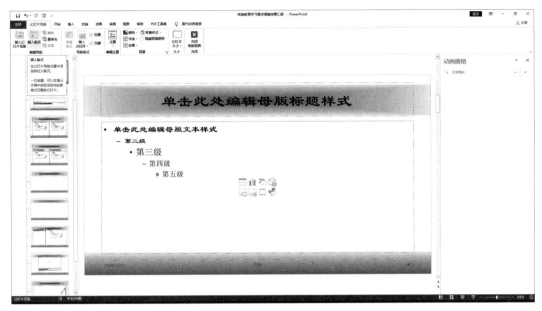

图6-78 插入新版式

③ 在"编辑母版"组中单击"重命名"按钮,打开"重命名版式"对话框,如图6-79所示。在对话框的"版式名称"文本框中输入名称后,单击"确定"按钮关闭对话框,即可实现重命名操作。

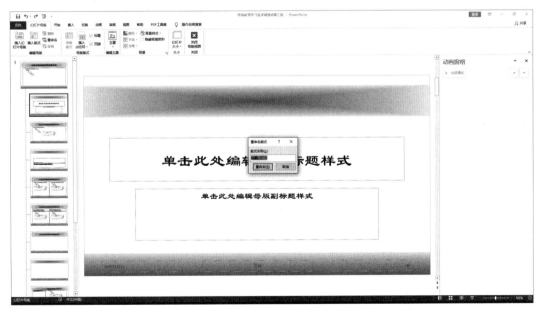

图6-79 "重命名版式"对话框

④ 完成母版设置创建后,单击"关闭母版视图"按钮,即可退出幻灯片母版视图,返回到普通视图模式。

6.5.3 模板

当创建好风格、版式统一的演示文稿后,可以将设置的母版保存为模板文件,这样方便以后新建演示文稿时套用模板文件,以创建外观一致的演示文稿,非常方便快捷。

1. 创建模板

创建模板其实就是将现有的设置好统一风格和版式的演示文稿另存为模板文件,具体的操作步骤如下:

① 在已经创建好的演示文稿中单击"文件"按钮,在展开的菜单中单击"导出""更改文件类型"→"模板"选项,如图6-80所示。

② 在弹出的"另存为"对话框中选择保存位置和模板文件名,如图6-81所示,单击"保存"按钮即可完成创建模板。

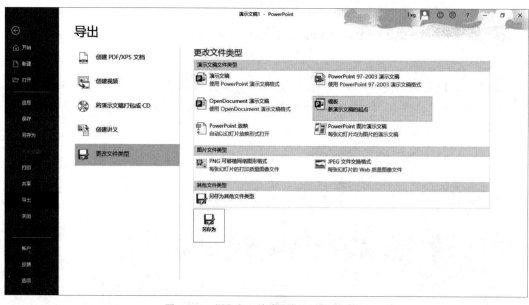

图6-80 "更改文件类型"→"模板"选项

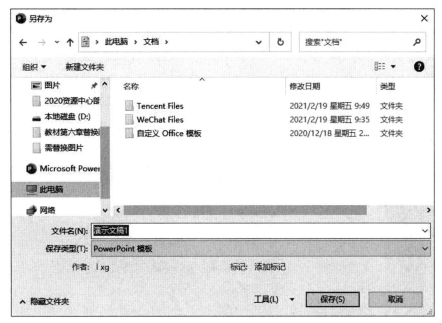

图6-81 "另存为"对话框

2. 使用模板

创建自定义模板后,在新建演示文稿时即可直接套用该模板或者样本模板,具体的操作步骤如下:打开 PowerPoint 2010,单击"文件"按钮,从展开的菜单中单击"新建"命名,展开"可用的模板和主题"列表框,从中选择用户想要的模板即可创建风格统一的演示文稿。

6.6 演示文稿的发布

幻灯片制作的最终目的就是为了演示和放映。因此完成演示文稿内容的编辑,以及幻灯片对象动画设置、切换效果设置后,接着就是播放该演示文稿。放映演示文稿最简单的办法就是使用按键或鼠标一张一张地依次播放幻灯片,但这种方式并不适用于所有场合。因此在演示文稿放映前需要对播放进行设置,以适应不同播放场合的需要。另外,除了通过将演示内容在观众面前放映之外,还可以将幻灯片打印出来制作成投影片或者讲义。

6.6.1 幻灯片的放映设置

1. 设置幻灯片的放映方式

PowerPoint 2016 为演示文稿提供了多种放映方式,最常用的是幻灯片页面的演示控制,主要有定时放映、连续放映和循环放映。

(1)定时放映幻灯片。在设置幻灯片切换效果时,可以设置每张幻灯片放映时停留的时间,当等待到设定的时间后,幻灯片将自动向下放映。

（2）连续放映幻灯片。在设置幻灯片切换效果时，可以为当前选定的幻灯片设置自动切换的时间，然后选择"全部应用"按钮，为演示文稿中的每张幻灯片设定相同的切换时间，以实现幻灯片的连续自动播放。

（3）循环放映幻灯片。可以将制作完成的演示文稿设置为循环放映方式，以适用于如展览会场的展台等场合，使演示文稿自动运行并循环播放。具体的操作步骤如下：

① 在"幻灯片放映"选项卡的"设置"组中单击"设置幻灯片放映"按钮，弹出"设置放映方式"对话框，如图6-82所示。

图6-82 "设置放映方式"对话框

② 在对话框中的"放映选项"选项组中选择"循环放映，按Esc键终止"复选框，则在播放完最后一张幻灯片后，将自动跳转到第一张幻灯片继续播放，直到用户按键盘上的"Esc"键退出放映状态。

2. 设置幻灯片的放映类型

PowerPoint 2016为演示文稿提供了3种放映类型，即演讲者放映、观众自行浏览及在展台浏览。幻灯片放映类型的设置，可使用"设置放映方式"对话框来实现，如图6-82所示。

（1）演讲者放映（全屏幕）。

演讲者放映是系统默认的放映类型，也是最常用的放映形式，采用全屏幕方式。演讲者放映形式一般用于授课、培训、专题演讲以及召开会议时的大屏幕放映。具体的操作步骤：单击"开始放映幻灯片"组中的"从头开始"按钮，系统将从演示文稿的第一张幻灯片开始放映。单击"开始放映幻灯片"组中的"从当前幻灯片开始"按钮，系统将从当前幻灯片开始放映。

（2）观众自行浏览（窗口）。观众自行浏览是标准的Windows窗口中显示的放映形式，放映时的PowerPoint 2016窗口具有菜单栏、Web工具栏，类似于浏览网页的效果，便于观众自行浏览。这种方式适用于在网络中浏览演示文稿。

（3）在展台浏览（全屏幕）。在展台浏览主要用于展览会的展台或自动演示会议中的某些内容等。该放映类型最主要的特点是不需要专人控制就可以自动运行,在使用这种放映类型时,超链接等控制方式将失效。由于使用该放映方式不能对其放映过程进行干涉,所以必须预先根据每张幻灯片的内容设置放映时间,以免幻灯片停留的时间过长或过短而影响浏览效果。

6.6.2　演示文稿的输出与发布

完成演示文稿的制作后,用户可以根据需要发布演示文稿,如为了使演示文稿能够脱离PowerPoint运行,可以将演示文稿打包,使其包含播放器等。

(1)输出为自动放映文件。自动放映的演示文稿是一种扩展名为".PPSX"的文件,双击该文件将自动进入幻灯片的放映状态,而不需要启动PowerPoint工作界面,这样可以避免每次打开PowerPoint 2016的麻烦,具体的操作步骤如下:

① 打开演示文稿,单击"文件"→"另存为"→"浏览"命令,打开"另存为"对话框,在对话框中选择文件保存的位置,设置文件名,在"保存类型"下拉列表中选择"PowerPoint 放映"选项,如图6-83所示。

② 单击"保存"按钮,演示文稿保存为自动播放文件。

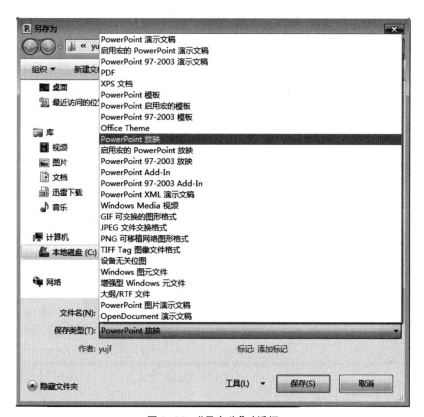

图6-83　"另存为"对话框

（2）打印演示文稿。演示文稿主要用来放映，但是有时候需要将演示文稿打印出来，供操作者或者观众保留。打印演示文稿首先进行打印的设置，然后打印演示文稿中指定的幻灯片，具体的操作步骤如下：

① 打开演示文稿，在"设计"选项卡的"自定义"组中单击"幻灯片大小"下拉按钮，选择"自定义幻灯片大小"选项，打开"幻灯片大小"对话框（图6-84），可以对幻灯片中的页面进行设置。完成设置后单击"确定"按钮关闭对话框。

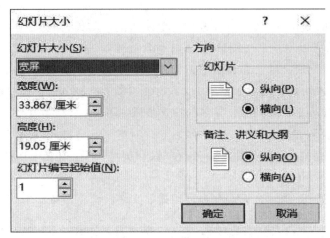

图6-84 "幻灯片大小"对话框

② 完成页面设置后，单击"文件"选项卡，在列表中选择"打印"选项，此时在窗口右侧的窗格中可以预览到幻灯片的效果，如图6-85所示。还可以设置打印机的属性、选择所需打印的幻灯片范围、打印版式、页眉和页脚，完成设置以后直接单击"打印"按钮进行打印。

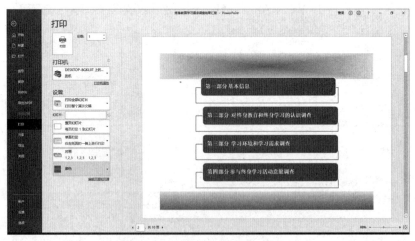

图6-85 "文件"→"打印"选项

本章小结

通过本章的学习,可以熟悉 PowerPoint 2016 演示文稿的基本操作、幻灯片的基本操作、视图模式、幻灯片的制作与编辑、演示文稿风格的设置以及演示文稿的发布等知识;掌握利用 PowerPoint 2016 制作与编辑各种用途的演示文稿的基本技能,并能轻松应用于日常工作。

思考与练习

一、单选题

1. 在 PowerPoint 2016 中,单击(　　)按钮,在打开的菜单中可以选择对演示文稿执行新建、保存、打印等操作。

    A. 文件　　　　　　　B. 快速访问工具栏　　　C. 标题栏　　　　　　　D. 窗口操作按钮

2. (　　)是 PowerPoint 2016 的默认视图模式,在该视图模式下可以方便地编辑和查看幻灯片的内容、调整幻灯片的结构以及添加备注内容。

    A. 普通视图　　　B. 幻灯片浏览视图　　　C. 备注页视图　　　D. 幻灯片放映视图

3. (　　)可以浏览演示文稿中的幻灯片,在这种视图模式下能够方便地对演示文稿的整体结构进行编辑,如选择幻灯片、创建新幻灯片以及删除幻灯片等。

    A. 普通视图　　　B. 幻灯片浏览视图　　　C. 备注页视图　　　D. 幻灯片放映视图

4. 在"大纲"窗格中选择需要创建子标题的幻灯片,将光标移动到主标题的末尾,按(　　)键创建一张新幻灯片。

    A. Shift　　　　　　B. Tab　　　　　　　　C. Enter　　　　　　D. Esc

5. 下列关于"母版"叙述正确的是(　　)。

    A. 一个幻灯片只能包括一个母版

    B. 每个母版拥有一个版式

    C. 所谓母版,就是指将一组设置好的颜色、字形和图形外观效果整合到一起

    D. 使用幻灯片母版可以让整个演示文稿具有统一的风格和样式

6. PowerPoint 2016 的主要功能是(　　)。

    A. 制作演示文稿　B. 数据处理　　　　　C. 图像处理　　　　D. 文字编辑

7. 一个主题中结合了三部分的设置,以下不属于主题设置结果的是(　　)。

    A. 颜色　　　　　　B. 字形　　　　　　　C. 图形外观效果　　　D. 段落

8. 在 PowerPoint 2016 中,自动放映的演示文稿是一种扩展名为(　　)的文件

    A. PPTX　　　　　　B. PPSX　　　　　　　C. PPT　　　　　　D. PPX

二、判断题(对的打"√",错的打"×")

1. 备注页视图主要用于演示文稿中的幻灯片添加备注内容或对备注内容进行编辑修改,在该视图模式下可以对幻灯片的内容进行编辑。   （   ）

2. 在幻灯片浏览视图模式下不能对幻灯片内容进行修改。   （   ）

3. 在占位符中直接输入文字,即可得到固定格式的文字。   （   ）

4. 用户可以根据自己的需要,在幻灯片的任意位置绘制文本框,并能设置文本框的文字格式,从而灵活地创建各种形式的文字。   （   ）

5. 若要为对象添加与已有对象完全相同的动画效果,可以直接使用"格式刷"来实现。

（   ）

6. 切换效果是针对幻灯片的某个对象进行设置的一种效果。   （   ）

7. 在使用展台浏览(全屏幕)放映类型时,超链接等控制方式将失效。   （   ）

三、填空题

1. 演示文稿中的一页称为_____。

2. "普通视图"分为两种形式,两种视图的主要区别在于 PowerPoint 2016 工作窗口最右边预览部分,分别以_____和_____的形式来显示。

3. 在放映类型选择区中选择_____放映类型,演示文稿将标准的 Windows 窗口中显示的形式放映。

4. 打开文档有以下 2 种方法:(1)_____;(2)利用"我的电脑"或"资源管理器"打开文档。

5. _____指的是幻灯片与操作者之间的互动,在 PowerPoint 2016 中通常是通过超链接或者动作来实现,而_____是对象进入和退出幻灯片的方式。

6. _____效果切换效果是一种幻灯片的整体动画效果,不是针对幻灯片的某个对象。

7. PowerPoint 2016 提供了便于实现每张幻灯片的整体风格保持一致的工具,即使用_____、_____、_____。

8. _____就是指将一组设置好的颜色、字形和图形外观效果整合到一起,即一个主题中结合了这三部分的设置结果。

9. _____是幻灯片层次结构中的顶层幻灯片,用于存储有关演示文稿的主题和幻灯片版式的信息,包括背景、颜色、字体、效果、占位符大小和位置。

10. 在 PowerPoint 2016 中一共有 3 种母版类型:_____、_____、_____。

第7章　网络使用基础

本章要点

★ 计算机网络的基础知识

★ Internet基础知识

★ 浏览器及其应用

★ 电子邮件

★ 网络礼仪

★ 网络安全的基础知识

7.1　计算机网络基础知识

党的二十大报告指出,建设现代化产业体系,加快建设网络强国、数字强国。计算机网络是建设网络强国、数字强国的重要技术基础。计算机网络就是把不同地理位置并具有独立功能的多台计算机通过通信线路和通信设备相互连接起来,在网络软件的支持下,实现资源共享和信息交换的计算机系统集合。

7.1.1　计算机网络的功能和分类

1. 计算机网络的功能

计算机网络最主要的功能是资源共享和信息交互。

(1)资源共享。计算机网络资源是指处于网络中的硬件、软件及信息资源。通过资源共享,可使网络中各处的资源互通,从而大大提高系统资源的利用率。例如,计算机网络允许用户使用网上各种不同类型的硬件设备(如高性能计算机、大容量磁盘、高性能打印机和高精度图形设备等)。另外,网络上还提供了许多供网络用户调用或访问的专用软件以及大量信息。

(2)信息交换。不同地区的用户可以通过计算机网络快速和准确地相互传送信息,这些信息包括数据、文本、图形、动画、声音和视频等。用户还可以收发电子邮件、接打可视电话以及举行视频会议等。

(3)分布式处理。当需要处理综合性的大型作业时,通过一定的算法将作业分解并交给多台计算机进行分布式处理,这样就能提高处理速度,充分提高设备的利用率。协同式计算就是利用网络环境的多台计算机来共同完成一个处理任务。

(4)均衡负载。当网络上某台计算机的任务过重时,通过计算机网络可将新的任务交给网上其他计算机去处理,起到均衡负载的作用。这样,可以减轻局部的负担,提高设备的效率。

(5)提高可靠性。计算机网络中的各台计算机可以通过网络互为后备机,一旦某台计算机出现故障,其任务可由其他计算机代为处理。这样,避免了单机无后备的情况下,因某台计算机故障导致系统瘫痪的现象,从而提高了整个系统的可靠性。

2. 计算机网络的分类

计算机网络有多种分类方法,其中主要的方法有两类:按网络的覆盖范围分类和按节点之间的关系分类。

(1)按网络的覆盖范围分类。由于计算机网络覆盖的地理范围不同,它们所采用的传输技术也不同,因此形成了各自的网络技术特点和网络服务功能。按照网络覆盖的地理范围大小,计算机网络可分为局域网、广域网和城域网。

① 局域网。局域网(local area network, LAN)是将较小地理区域内的计算机或数据终端设备连接在一起的通信网络。局域网覆盖的地理范围比较小,它常用于组建一个企业、学校、楼宇和办公室的计算机网络。

② 广域网。广域网(wide area network, WAN)是在一个广阔的地理区域内进行数据、语音、图像等信息传输的通信网络。广域网覆盖的地理区域较大,它可以覆盖一个城市、一个国家、一个洲乃至整个地球。

③ 城域网。城域网(metropolitan area network, MAN)是介于局域网和广域网之间的一种高速网络,它的覆盖范围是一个城市。城域网的设计目标是要满足几十千米范围内的大量企业、公司、机关和学校的多个局域网互联的需求,以实现大量用户之间的数据、语音、图像和视频等多种信息的传输。

(2)按节点之间的关系分类。通常将网络上的计算机和通信设备等称为节点。按照节点之间的关系,可将计算机网络分为客户机/服务器型网络和对等型网络两种。

① 客户机/服务器型网络。在客户机/服务器型网络中存在两种类型的计算机。一类为客户机(又称为工作站),它是指网络中的个人用户使用的计算机,可接收服务器提供的服务;另一类为服务器,它是管理网络、存储程序和数据以及提供共享资源的中心设备。网络中服务器一般都是高性能计算机,而且在服务器上运行的操作系统也是适合网络服务器的操作系统。

② 对等型网络。对等型网络是指网上各台计算机有相同的功能,无主从之分,任一台计算机既可作为服务器,设定共享资源供网络中其他计算机使用,又可以作为工作站。对等型网络与客户机/服务器型网络的最大区别就是对等型网络没有专设服务器,对等型网络是小型局域网常用的一种组网方式。

(3)按照传输介质分类。

① 有线网:采用同轴电缆和双绞线来连接的计算机网络。

同轴电缆网是常见的一种联网方式。它比较经济,安装较为便利,传输和抗干扰能力一般,传输距离较短。

双绞线网也是最常见的联网方式。它价格便宜,安装方便,但易受干扰,传输率较低,传输距离比同轴电缆要短。

② 光纤网:光纤网也是有线网的一种,由于其特殊性而单独列出。光纤网采用光导纤维作为传输介质,传输距离长,传输率高,可达数千兆bps,抗干扰性强,不会受到电子监听设备的监听,是高安全性网络的理想选择。

③ 无线网:用电磁波作为载体来传输数据,联网方式灵活方便。

7.1.2 计算机网络的拓扑结构

拓扑学是一种研究与大小、距离无关的几何图形特征的方法,它是从图论演变过来的。拓扑设计是建设计算机网络的第一步,也是实现各种网络协议的基础,它对网络性能、系统可靠性和通信费用都有重大影响。

利用拓扑学的观点,可以将网络中计算机和通信设备等网络单元抽象为"节点",把网络中的传输介质抽象为"线"。网络拓扑就是通过网络中节点和通信线路之间的几何关系表示网络结构,反映出网络中各实体的结构关系。这种采用拓扑学方法抽象出的计算机网络结构称为网络的拓扑结构。

计算机网络按照不同的网络拓扑结构,可分为总线型结构、环型结构、星型结构、树型结构和网状结构等。

1. 总线型结构

总线型结构中所有设备都直接与一条称为公共总线的传输介质相连,传输介质一般采用同轴电缆(包括粗缆和细缆),不过现在也有采用光缆作为总线型传输介质的,如ATM网所采用的网络属于总线型网络结构。总线型结构示意图如图7-1所示。

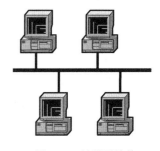

图7-1 总线型结构

总线型结构使用广播式传输技术,总线上的所有节点都可以发送数据到总线上,数据沿总线传播。由于所有节点共享同一公共通道,因此在任何时候只允许一个节点发送数据,数据可以被总线上的其他节点接收,各节点分析目的地址再决定是否真正接收该数据。

2. 环型结构

环型结构是将各个网络节点通过通信线路连成一条首尾相接的闭合环,如图7-2所示。

在环型结构网络中,信息按固定方向流动(顺时针方向或逆时针方向),有一个控制发送数据权力的"令牌",它在后边按一定的方向单向环绕传送,每经过一个节点都要被接收,判断一次,是发给该节点的则接收,否则就将数据送回到环中继续往下传。令牌环网就是这种结构的典型代表。

3. 星型结构

星型结构是以中央节点为中心,其他各节点通过单独的线路与中央节点连接,信息的传输是通过中央节点的存储转发技术实现的,并且只能通过中央节点与其他节点通信。星型结构示意图如图7-3所示。

星型拓扑结构的网络属于集中控制型网络,整个网络由中心节点执行集中式通行控制管理,各节点间的通信都要通过中心节点。每一个要发送数据的节点都将要发送的数据发送至中心节点,再由中心节点负责将数据送到目的节点。因此,中心节点相当复杂,而各个节点的通信处理负担都很小,只需要满足链路的简单通信要求,一般应用于分级的主从式网络。

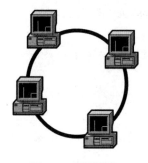
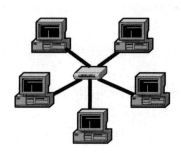

图7-2　环型结构　　　　　　　　　　图7-3　星型结构

4.树型结构

树型结构是从总线型结构和星型结构演变而来的。各节点按一定的层次连接起来,其形状像一棵倒置的树,故取名为树型结构。在树型结构的顶端有一个根节点,它带有分支,每个分支也可以带有子分支,如图7-4所示。树型结构与总线结构的主要区别在于根节点的存在。当节点要发送信息时,根节点接收该信息,然后再重新广播送至全网。

5.网状结构

网状结构是指将各网络节点与通信线路互联成不规则的形状,每个节点至少与其他两个节点相连,如图7-5所示。

大型互联网[如中国教育科研示范网(cernet)以及国际互联网的主干网]一般都采用网状结构。另外,也可以由上述两种或两种以上网络拓扑结构组成一种混合型拓扑结构。例如,环星型结构是光纤分布式数据接口(FDDI)网络常用的拓扑结构。

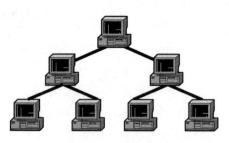
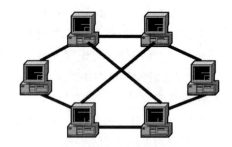

图7-4　树型结构　　　　　　　　　　图7-5　网状结构

7.1.3　计算机网络的传输介质

网络传输介质是指在网络中传输信息的载体,传输介质按其特征可分为有线传输介质和无线传输介质两大类。

有线传输介质是指在两个通信设备之间实现的物理连接部分,它能将信号从一方传输到另一方,有线传输介质包括双绞线、同轴电缆和光缆等。

无线传输介质是指在两个通信设备之间不使用任何物理连接,而是通过空间传输的一种技术,无线传输包括光学传输和无线电波传输等。

7.1.4 IP地址及分类

在Internet上为了区分千百万台的主机,给每台主机都分配一个专门的地址,称为IP地址。通过IP地址就可以访问到每一台主机。

1.IP地址的组成

IP地址由网络地址和主机地址两部分组成,就像固定电话号码一样,由区号和电话号码两部分组成。位于同一物理子网上的所有主机和网络设备(如工作站、服务器、路由器等)的网络地址是相同的,该网络地址在Internet中也是唯一的。主机地址是用来区别同一物理子网中不同主机和网络设备的。因此,Internet中每台主机和网络设备的IP地址是唯一的。

IP地址是32位的二进制地址,如11000000101010000000111000110110,这么长的地址,人们处理起来太费劲了。为了便于记忆,将它们分为4组,每组8位(相当于一个字节),每组的取值范围为0~255,组与组之间用小数点分开。于是,上面的IP地址可以表示为192.168.14.54。IP地址的这种表示法叫作"点分十进制表示法",这显然比1和0容易记忆得多。

2.IP地址的分类

Internet是一个互联网,它是由大大小小的各种网络组成的,每个网络中的主机数目是不同的。为了充分利用IP地址以适应主机数目不同的各种网络,对IP地址也进行了分类。IP地址通常可分为A、B、C、D、E五类。

(1)A类地址。前8位为网络地址,后24位为主机地址,其地址范围为0.0.0.0~127.255.255.255。每个A类地址可容纳 $2^{24}-2=16777214$ 台主机。因此,A类地址适合于规模特别大的网络使用。

(2)B类地址。前16位为网络地址,后16位为主机地址,其地址范围为128.0.0.0~191.255.255.255。每个B类地址可容纳 $2^{16}-2=65534$ 台主机,因此,B类地址适合于一般的中等网络。

(3)C类地址。前24位为网络地址,后8位为主机地址,其地址范围为192.0.0.0~223.255.255.255。每个C类地址可容纳 $2^8-2=254$ 台主机,因此,C类地址适合于小型网络。

另外,D类地址和E类地址的用途比较特殊,D类地址称为组播地址,供特殊协议向选定的节点发送信息时用;E类地址保留给将来使用。

在Internet中,一台主机可以有一个或多个IP地址,但两台或多台主机却不能共用一个IP地址。如果有两台主机的IP地址相同,则会引起异常现象,无论哪台主机都将无法正常工作。

所有的IP地址都由国际组织NIC(network information center)负责统一分配,目前全世界共有3个这样的网络信息中心。

InterNIC(国际互联网络信息中心):负责美国及其他地区;

ENIC(欧洲互联网络信息中心):负责欧洲地区;

APNIC(亚太互联网络信息中心):负责亚太地区。

我国申请IP地址要通过APNIC,APNIC的总部设在日本东京大学。申请时要考虑申请哪一类的IP地址,然后向国内的代理机构提出。

3. IPv6

IPv6是"Internet Protocol Version 6"的缩写,也被称作下一代互联网协议,它是由IETF小组(internet engineering task force)设计的用来替代现行的IPv4(现行的IP)协议的一种新的IP协议。

IP地址作为互联网中最基础的地址资源,是互联网发展的基石。尤其是IPv4地址的耗尽问题,引起了广泛关注。因此Internet研究组织发布新的主机标识方法,即IPv6。在RFC1884中(RFC是Request for Comments Document的缩写,实际上就是Internet有关服务的一些标准),规定的标准语法建议把IPv6地址的128位(16个字节)写成8个16位的无符号整数,每个整数用4个十六进制位表示,这些数之间用冒号(:)分开。例如,3ffe:3201:1401:1280:c8ff:fe4d:db39。

与IPv4相比,IPv6优势突出,地址资源不仅丰富,安全性能也大幅提高。目前中国的互联网快速发展,IPv4地址尤其呈现出快速消耗的趋势。在IPv6商用之前,IPv4地址仍旧是互联网赖以生存的根本。在这种情况下,作为中国国家IP地址分配管理机构,中国互联网络信息中心(CNNIC)一直不断努力,积极为中国互联网企业争取更加充足的IP地址资源。目前IPv6地址在国内的利用率仍然较低,向IPv6过渡仍然在技术和商用方面存在一定问题。但总体来说,全球IPv6技术的发展不断进行着,并且随着IPv4消耗殆尽,许多国家已经意识到了IPv6技术所带来的优势,特别是中国通过一些国家级的项目,推进了IPv6全面部署和大规模商用。

7.1.5 域名及DNS服务器

1. 域名

由于IP地址是数字标识,使用时难以记忆和书写,因此在IP地址的基础上,又发展出一种符号化的地址方案来代替数字型的IP地址。每一个符号化的地址都与特定的IP地址对应,这样网络上的资源访问起来就容易得多了。这个与网络上的数字型IP地址相对应的字符型地址,就被称为域名。

例如,222.73.123.6是搜狐网服务器的IP地址,与这个地址对应的www.sohu.com就是搜狐网的域名。

域名和IP地址存在对应关系,当用户要与因特网中某台计算机通信时,既可以使用这台计算机的IP地址,也可以使用域名。相对来说,域名易于记忆,用得更普遍。

2. DNS服务器

DNS(Domain Name System)是域名解析服务器。DNS服务器在互联网的作用是把域名转换成为网络可以识别的IP地址。由于网络通信只能标识IP地址,所以当使用主机域名时,域名服务器通过 DNS 域名服务协议,会自动将登记注册的域名转换为对应的 IP 地址,从而找到这台计算机。

DNS 将整个 Internet 划分为多个顶级域,并为每个顶级域规定了通用的顶级域名。网络信息中心将顶级域的管理权授予指定的管理机构,各个管理机构再为它们所管理的域分配二级域名,并将二级域名的管理权授予其下属的管理机构。如此层层细分,就形成了 Internet 有层次的域名结构。

我国在国际互联网络信息中心正式注册并运行的顶级域名是 cn,这也是我国的顶级域名。在顶级域名之下,我国的二级域名又分为类别域名和行政区域名两类。类别域名共 6 个,包括用于科研机构的 ac,用于工商金融企业的 com,用于教育机构的 edu,用于政府部门的 gov,用于互联网络信息中心和运行中心的 net,用于非盈利组织的 org。而行政区域名有 34 个,分别对应于我国各省、自治区和直辖市。三级域名用字母(A～Z,a～z,大小写等)、数字(0～9)和连接符(-)组成,各级域名之间用实点(.)连接,三级域名的长度不能超过 20 个字符,如无特殊原因,建议采用申请人的英文名(或者缩写)或者汉语拼音名(或者缩写)作为三级域名,以保持域名的清晰性和简洁性。

域名的排列原则是低层的子域名在前面,而它们所属的高层域名在后面。一般格式:

四级域名. 三级域名. 二级域名. 顶级域名

例如,某一域名 elib. zjtvu. edu. cn。其中顶级域名 cn 表示中国,二级域名 edu 表示教育机构,zjtvu 表示浙江广播电视大学,elib 表示数字图书馆。

7.2 Internet 基础知识

7.2.1 Internet 的产生与发展

Internet 是一种由遍布世界的各种各样的计算机网络组成的互联网络,它是全球范围的信息资源宝库。利用 Internet 用户可以实现全球范围的资源共享、信息交流、发布和获取等功能。Internet 是一个用路由器实现多个广域网和局域网互联的大型网际网,它对于推动世界科学、文化、经济和社会的发展有着不可估量的作用。

1. Internet 的诞生

1969 年,美国国防部高级研究计划署建立了一个计算机实验网络 ARPANET,当时建网的初衷是帮助美国军方工作的研究人员利用计算机进行信息交换。ARPANET 的设计与实现主要基于这样一个主导思想:当网络的某个部分遭受敌方攻击而失去作用时,也能保证网络其他部分运行并仍能维持正常通信而不瘫痪。ARPANET 较好地解决了异种机网络互联的一系列理论和技术问题,提出了资源共享、分组交换以及网络通信协议分层等思想。

1983 年初,美国军方正式将其所有军事基地的各子网都连接到了 ARPANET 上。ARPANET 分成两部分:一部分军用,称为 MILNET;另一部分仍称 ARPANET,供民用,并全部采用了 TCP/IP 协议。这标志着 Internet 的正式诞生。

2. Internet 名称的由来

ARPANET 实际上是一个网际网,网际网的英文单词 Internetwork 被当时的研究人员简称为 Internet,同时,开发人员用 Internet 这一称呼来特指为研究建立的网络原型,这一称呼被沿袭至今。作为 Internet 的早期主干网,ARPANET 虽然今天已经退役,但它的出现对网络技术的发展产生了重要的影响。

3. Internet 的发展

1985年,美国国家科学基金会开始建立 NSFNET。它规划建立15个超级计算中心及国家教育科研网,用于支持科研和教育的全国性规模的计算机网络,并以此作为基础,实现同其他网络连接。NSFNET 成为 Internet 上用于科研和教育的主干部分,替代了 ARPANET 的骨干地位。

1989年,由 ARPANET 分离出来的 MILNET 实现与 NSFNET 连接后,就开始采用 Internet 这个名称。从此以后,其他部门的计算机网络相继并入 Internet。90年代初,商业机构开始进入 Internet 领域,成为 Internet 发展的强大推动力。到了1995年,NSFNET 停止运作,Internet 已彻底商业化了。

现在 Internet 已发展为多元化,接入方式也从原来单一的基于 PC 端扩展到移动端。Internet 从开始为国防军事、科研服务外,已经全面进入人们日常生活的各个领域。人们通过 Internet 可以随时了解最新的气象信息和旅游信息,阅读当天报纸和最新杂志,了解世界金融股票行情,在家购物或订购车票,收发电子邮件以及到信息资源服务器或各类数据库中查询所需的资料等。Internet 在规模和结构上已经成为一个名副其实的全球网络。

4. Internet 在中国的发展

我国于1994年4月正式加入 Internet。从此中国的网络建设进入了大规模发展阶段,到1996年初,中国的 Internet 已形成了四大主流体系。为了规范发展,1996年2月国务院发出《中华人民共和国计算机信息联网国家管理暂行规定》,规定明确指出我国只允许四家互联网络拥有国际出口,它们是中国科技网 CSTNET、中国教育和科研计算机网 CERNET、中国公用计算机互联网 CHINANET、中国金桥信息网 CHINAGBN。前两个网络主要面向科研和教育机构,后两个网络是以经营为目的,是属于商业性的 Internet。

目前,Internet 在我国已覆盖了政府机关、学校、科研机构、商业公司和家庭等各个方面,并以惊人的速度发展。截至2019年末,全球最大的移动宽带网在我国基本建成,我国固定互联网宽带接入用户超过4.49亿户,移动电话用户数超过16亿户,手机全年移动互联网用户接入流量超过1200亿GB。

7.2.2 TCP/IP 协议与 Internet

Internet 就是由许多小的网络构成的国际性大网络,在各个小网络内部使用不同的协议,正如不同的国家使用不同的语言,那如何使它们之间能进行信息交流呢? 这就要靠网络上的世界语——TCP/IP 协议。

TCP/IP 协议(transfer control protocol/internet protocol)叫作传输控制/网际协议,又叫网络通信协议,这个协议是 Internet 国际互联网络的基础。它是20世纪70年代中期美国国防

部为其 ARPANET 广域网开发的网络体系结构和协议标准,以它为基础组建的 Internet 是
目前国际上规模最大的计算机网络,正因为 Internet 的广泛使用,使得 TCP/IP 成了事实上
的标准。

　　TCP/IP 是网络中使用的基本通信协议。虽然从名字上看 TCP/IP 包括两个协议,传输
控制协议(TCP)和网际协议(IP),但 TCP/IP 实际上是一组协议,它包括上百个各种功能的
协议,如远程登录、文件传输和电子邮件等,而 TCP 协议和 IP 协议是保证数据完整传输的
两个基本的重要协议。通常说 TCP/IP 是 Internet 协议族,而不单单是 TCP 和 IP。TCP/IP 协
议包括 TCP、IP、UDP、ICMP、RIP、TELNETFTP、SMTP、ARP、TFTP 等许多协议,这些协议
一起称为 TCP/IP 协议。表 7-1 是对协议族中一些常用协议英文名称和用途的说明。

表 7-1　TCP/IP 协议族

协议	英文名称	用途
TCP	Transport Control Protocol	传输控制协议
IP	Internetworking Protocol	网间网协议
UDP	User Datagram Protocol	用户数据报协议
ICMP	Internet Control Message Protocol	互联网控制信息协议
SMTP	Simple Mail Transfer Protocol	简单邮件传输协议
SNMP	Simple Network manage Protocol	简单网络管理协议
FTP	File Transfer Protocol	文件传输协议
ARP	Address Resolation Protocol	地址解析协议

7.2.3　Internet 的常用接入方式

　　Internet 接入方式的结构,统称为 Internet 接入技术,其发生在连接网络与用户的最后一段
路程。目前常用 Internet 的接入技术有基于传统电信网的有线接入技术、基于有线电视网的
接入技术、光纤接入技术、以太网接入技术、无线接入技术。这些技术既有窄带也有宽带,几
乎涵盖了目前及将来所有接入网技术。其中无线接入和光纤接入是当前最常用的接入
技术。

1. 基于传统电信网的有线接入技术

　　(1)拨号入网。拨号入网是早期一种利用电话线和公用电话网 PSTN(public switched tele-
phone network)接入 Internet 的技术。拨号接入网络系统的组成如图 7-6 所示。

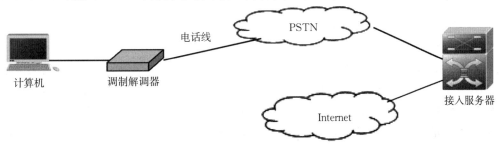

图 7-6　拨号接入网络系统

拨号连接Internet所需设备：

① 一台PC机。目前大多数微机的配置基本上都能满足上网需求。

② 一条电话线路。入网还必须有一条电话线,这条电话线可以是家庭住宅电话线路,也可以是办公室电话线路。

③ 一台调制解调器。目前的电话入户信号基本上都是模拟信号,计算机所处理和传输的信息都是数字信号,因此计算机通信时必须有能将数字信号转换为能够在公用电话网上传输的模拟信号,而模拟信号转换为数字信号的转换装置,将数字信号转换为模拟信号称为调制,将模拟信号转换为数字信号称为解调,把两种功能由一台设备来完成,总的来说,就叫作调制解调器(Modem),它是借助于公用交换电话网为传输信道,实现广域网连接必不可少的网络连接设备。

（2）ADSL技术。非对称数字用户环路(asymmetric digital subscriber line, ADSL)是一种通过现有普通电话线为家庭、办公室提供宽带数据传输服务的技术。它能够在普通电话线上提供高达8Mb/s的下行速率和1Mb/s上行速率,传输距离达3~5km。ADSL所支持的主要业务:Internet高速接入服务;多种宽带多媒体服务,如视频点播VOD、网上音乐厅、网上剧场、网上游戏、网络电视等;提供点对点的远程可视会议、远程医疗、远程教学等服务。图7-7是ADSL接入Internet示意图。

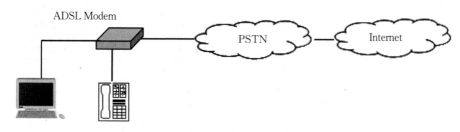

图7-7　ADSL接入Internet示意图

ADSL技术的主要特点是具有很高的传输速率,充分利用现有的铜缆网络(电话线网络),在线路两端加装ADSL Modem即可为用户提供高宽带服务。ADSL的另外一个优点在于它可以与普通电话共存于一条电话线上,在一条普通电话线上接听、拨打电话的同时进行宽带信息传输而又互不影响。

ADSL宽带接入技术近年来在我国的发展非常迅速。ADSL是传递交互多媒体业务最经济和最有效的方法之一。在实现光纤宽带接入之前,ADSL接入技术以及其他xDSL接入技术是宽带接入的重要手段。

（3）DDN专线接入。数字数据网(digital data network,DDN)是利用数字信道传输数据信号的数据传输网。它的主要作用是向用户提供永久性和半永久性连接的数字数据传输信道,既可用于计算机之间的通信,也可用于传送数字化传真、数字话音、数字图像信号或其他数字化信号。永久性连接的数字数据传输信道是指用户间建立固定连接、传输速率不变的独占带宽电路。半永久性连接的数字数据传输信道对用户来说是非交换性的。但用户可提出申请,由网络管理人员对其提出的传输速率、传输数据的目的地和传输路由进行修改。网络经营者向广大用户提供了灵活方便的数字电路出租业务,供各行业构成自己的专用网。

DDN专线的传输媒介有光纤、数字微波、卫星信道以及用户端可用的普通电缆和双绞线。利用数字信道传输数据信号与传统的模拟信道相比,具有传输质量高、速度快、带宽利用率高等一系列优点。

DDN专线将数字通信技术、计算机技术、光纤通信技术及数字交叉连接技术等有机地结合在一起,提供一种高速度、高质量、高可靠性的通信环境,为用户规划、建立自己安全、高效的专用数据网络提供了条件,因此,在多种Internet的接入方式中深受广大用户的青睐。DDN专线接入示意图如图7-8所示。

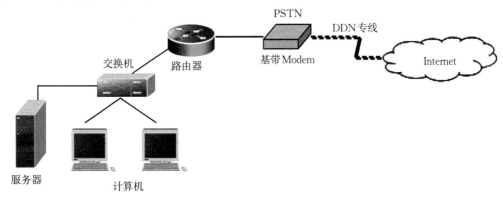

图7-8 DDN专线接入示意图

与普通Modem数模转换功能不同,基带Modem实现数字与数字之间的转换。

DDN专线接入Internet具有以下特点:

① DDN专线接入能提供高性能的点到点通信,通信保密性强,特别适合金融、保险等保密性要求高的客户需要。

② DDN专线接入传输质量高,通信速率可根据用户需要在N×64Kb/s(N=1~32)之间选择,网络延时小。

③ DDN专线信道固定分配,充分保证了通信的可靠性,保证用户使用的带宽不会受其他客户使用情况的影响。

④ 通过高速信道用户可构筑自己的Intranet,建立自己的Web网站、E-mail服务器等信息应用系统。

⑤ 局域网整体接入Internet,使局域网的用户均可共享互联网的资源。

⑥ 专线用户可以免费得到多个合法的Internet IP地址和一个免费的国内域名。

⑦ 提供详细的计费、网管支持,还可以通过防火墙等安全技术保护用户局域网的安全,免受不良侵害。

(4)ISDN专线接入。综合业务数字网(integrated service digital network, ISDN)是通过对电话网进行数字化改造而发展起来的,提供端到端的数字连接,以支持一系列广泛的业务,包括语音、数据、传真、可视图文等。ISDN能够提供标准的用户(网络接口),通过标准接口将各种不同的终端接入到ISDN网络中,使一对普通的用户线最多可连接8个终端,并为多个终端提供多种通信的综合服务。通过ISDN接入Internet既可用于局域网,也可用于独立的计算机。

ISDN专线接入技术有以下特点：

① 多种业务兼容。利用一对用户线可以提供电话、传真、可视图文、数据通信等多种业务。

② 标准化的接口。ISDN能够提供多种业务的关键在于使用标准化的用户接口。该接口有基本速率接口和一次群速率接口。基本速率接口有两条64Kb/s的信息通路和一条16Kb/s的信令通路，简称"2B+D"；一次群速率接口有30条64Kb/s的信息通路和一条64Kb/s的信令通路，简称"30B+D"。标准化的接口能保证终端间的互通。一个ISDN的基本速率用户接口最多可连接8个终端。

③ 数字传输。ISDN能够提供端到端的数字连接，即终端到终端之间的通道已完全数字化，具有优良的传输性能，而且信息传送速度快。

④ 使用方便。用户可以根据需要，在一对用户线上任意组合不同类型的终端，如可以将电话机、传真机和PC机连接在一起，可以同时打电话、发传真或传送数据。

2. 基于有线电视网的接入技术

（1）CATV和HFC。CATV和HFC是一种电视电缆技术。CATV（cable television）即有线电视网，是由广电部门规划设计的用来传输电视信号的网络，其覆盖面广、用户多。但有线电视网是单向的，只有下行信道，因为它的用户只要求接收电视信号，而并不上传信息。如果要将有线电视网应用到Internet业务，则必须对其改造，使之具有双向功能。

HFC（hybrid fiber coax）是光纤和同轴电缆相结合的混合网络。HFC通常由光纤干线、同轴电缆支线和用户配线网络三部分组成，从有线电视台出来的节目信号先变成光信号在干线上传输；到用户区域后把光信号转换成电信号，经分配器分配后通过同轴电缆送到用户。CATV和HFC的一个根本区别：CATV只传送单向电视信号，而HFC提供双向的宽带传输。

（2）利用Cable Modem接入Internet。Cable Modem（电缆调制解调器）是一种通过有线电视网络进行高速数据接入的装置。它一般有两个接口，一个用来接室内的有线电视端口，另一个与计算机或交换机相连。图7-9所示为PC机通过Cable Modem接入Internet的示意图。

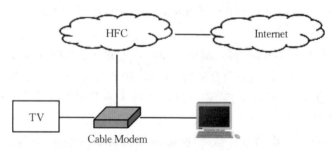

图7-9　利用Cable　Modem接入Internet示意图

Cable Modem与普通的Modem在原理上都是将数据进行调制后在电缆的一个频率范围内传输，接收时进行解调，传输机理与普通Modem相同，不同之处在于它是通过有线电视HFC的某个传输频带进行调制解调的，而普通Modem的传输介质在用户与交换机之间是独立的,即用户独享通信介质。Cable Modem 属于共享介质系统,其他空闲频段仍然可用于有线电视信号的传输。Cable Modem 彻底解决了由于声音图像的传输而引起的阻塞,其速率已达10Mbps以上,下行速率则更高。

3. 光纤接入技术

光纤接入网(optical access network,OAN)就是指采用光纤传输技术的接入网,是目前最受欢迎的接入方式。它采用光纤作为主要的传输媒体来取代传统的双绞线,是实现用户高性能宽带接入的一种方案。由于光纤上传送的是光信号,因而需要在交换局将电信号进行电光转换变成光信号后再在光纤上进行传输。在用户端则要利用光网络单元(ONU:Optical Network Unit)再进行光电转换恢复成电信号后送至用户设备。

根据光网络单元所设置的位置,光纤接入网分为 FTTH(光纤到户)、FTTC(光纤到路边)、FTTB(光纤到大楼)、FHHO(光纤到办公室)、FTTF(光纤到楼层)、FTTZ(光纤到小区)等几种类型,其中 FTTH 是当前宽带接入网的主要方式。

根据室外传输设施中是否含有源设备,光纤接入网可分为有源光网络(active optical network,AON)和 PON:Passive Optical Network(无源光网络)。AON 是指从局端设备到用户分配单元之间采用有源光纤传输设备,即光电转换设备、有源光器件以及光纤等;PON 一般指光传输段采用无源器件,实现点对多点拓扑的光纤接入网。目前光纤接入网大都采用 PON 结构,PON 成为光纤接入网的发展趋势,它采用无源光节点将信号传送给终端用户,初期投资少、维护简单、易于扩展、结构灵活,只是要求采用性能好、带宽宽的光器件。

光纤接入网具有以下特点:

(1)带宽。由于光纤接入网本身的特点,可以提供高速接入因特网、ATM 以及电信宽带 IP 网的各种应用系统,从而享用宽带网提供的各种宽带业务。

(2)网络的可升级性能好。光纤网易于通过技术升级成倍扩大带宽,因此,光纤接入网可以满足各种信息的传送需求。以这一网络为基础,可以构建面向各种业务和应用的信息传送系统。

(3)双向传输。电信网本身的特点决定了这种接入技术的交互性能好,特别是在向用户提供双向实时业务方面具有明显优势。

(4)接入简单,费用少。用户端只需要一块网卡,就可高速接入 Internet。

将来的接入网应该是一个以 FTTH 形式实现的宽带接入网。但是要建设这样一个宽带接入网目前还有许多困难,首先光纤直接到户投资大,其次对于普通用户的业务需求,使用的带宽光纤接入还为时过早。因此,可根据社会的发展和用户的需求,分阶段逐渐建设我国的光纤宽带接入网。"FTTx(光纤接入)+LAN"就是一个过渡性的产品。

"FTTx+LAN"方案是以以太网技术为基础,来建设智能化的园区网络。在用户的家中添加以太网 RJ45 信息插座作为接入网络的接口,可提供百兆到千兆的网络速度。通过"FTTx+LAN"接入技术已完全能实现"千兆到小区,百兆到居民大楼,十兆到桌面",为用户提供信息网络的高速接入服务。

4. 无线接入和5G技术

无线接入技术是指在终端用户和交换端局间的接入网,全部或部分采用无线传输方式,为用户提供固定或移动接入服务的技术。作为有线接入网的有效补充,它有系统容量大、覆盖范围广、系统规划简单、扩容方便,可加密或用CDMA增强保密性等技术特点,可解决边远地区、架线困难地区的信息传输问题,是当前发展最快的接入网之一。

无线接入技术最显著的特色就是推动了移动互联网的广泛应用。移动互联网是指移动通信终端与互联网相结合成为一体,是用户使用手机、PDA或其他无线终端设备,通过速率较高的移动网络,在移动状态下(如在地铁、公交车等)随时随地访问Internet以获取信息,享受商务、娱乐等各种网络服务。

通过移动互联网,人们可以使用手机、平板电脑等移动终端设备浏览新闻,还可以使用各种移动互联网应用,如在线搜索、在线聊天、移动网游、手机电视、在线阅读、网络社区、收听及下载音乐等。其中移动环境下的网页浏览、文件下载、位置服务、在线游戏、视频浏览和下载等是其主流应用。

目前,移动互联网正逐渐渗透到人们生活、工作的各个领域,如移动支付、位置服务等丰富多彩的移动互联网应用迅猛发展,正在深刻改变信息时代的社会生活,近几年,更是实现了3G经4G到5G的跨越式发展。全球覆盖的网络信号,使得身处大洋和沙漠中的用户,仍可随时随地保持与世界的联系。

随着科技的进步与信息化的发展,移动通信受到人们的普遍关注,极大地方便了人们的即时通信,提高了人们的生活质量。同时,5G移动通信的发展也给许多行业的运营模式、人们的生产生活方式等带来了非常大的改变,其中5G关键技术提升发挥着重要作用。与传统通信模式相比,5G通信技术在速度、效率、稳定程度等方面都有着很大优势,是未来通信发展的一大趋势。5G通信技术是对现有4G无线接入技术的进一步演进。随着移动互联网的发展,越来越多的设备接入到网络中,新服务的增多为暴涨的数据流量带来了巨大的挑战,4G移动通信网络将难以满足日益增长的需要。随着移动通信技术取得革命性的发展,5G以其速度更快、效率更高、更智能化的特点迅速成为目前最先进的移动通信技术。一方面,5G是国家信息化战略的延伸,为人工智能等技术提供数据"管道"。国家高度重视5G发展,支持企业、产业组织深入开展国际交流合作,为5G技术提供了广阔的市场发展前景。随着一些先进的移动业务不断涌现,云端操作与各种新型的智能设备得到良好应用。5G的高数据速率、低延迟、低能耗、低成本、高系统容量等特点,为网络信息的高效传输提供了保障,网络信息通信系统更加安全。另一方面,5G移动致力于打造完美用户体验,5G发展在推动国民经济高质量发展的同时又紧密结合人民生活需求。5G技术将人工智能、大数据等技术紧密结合,开启一个万物互联的全新时代,为居民的日常生活打造更加完善的沟通平台。此外,5G技术为未来"移动通信+产业"的应用提供了可能性,实现真正的万物互联。

7.2.4 Internet所提供的主要服务

Internet是一个涵盖极广的信息库,它存贮天文、地理、商业、科技、娱乐等各类信息,目前在Internet上提供的主要服务有网络音乐、网络新闻、即时通信、网络视频、搜索引擎、电子邮件、网络游戏、微博、网络购物等。

1. 互联网基础应用

（1）搜索引擎。搜索引擎（search engine）是指根据一定的策略、运用特定的计算机程序搜集互联网上的信息，在对信息进行组织和处理后，为用户提供检索服务的系统。

搜索引擎是网络用户在互联网中获取所需信息的重要工具和途径，是互联网中的基础应用。常用的搜索引擎有百度、Google等。

（2）电子邮件。电子邮件（electronic mail，E-mail）又称电子信箱、电子邮政，它是一种用电子手段提供信息交换的通信方式。

通过网络的电子邮件系统，用户可以用非常低廉的价格，以非常快速的方式（几秒钟之内可以发送到世界上任何你指定的目的地），与世界上任何一个角落的网络用户联系，这些电子邮件可以是文字、图像、声音等各种方式。

同时，用户可以得到大量免费的新闻、专题邮件，并实现轻松的信息搜索。正是由于电子邮件使用简易、投递迅速、收费低廉、易于保存且全球畅通无阻等特点，使得电子邮件被广泛地应用，它使人们的交流方式得到了极大的改变。另外，电子邮件还可以进行一对多的邮件传递，同一邮件可以一次发送给许多人。

（3）即时通信。即时通信（instant messaging，IM）是指能够即时发送和接收互联网消息等业务的软件。自面世以来，发展非常迅速，功能日益丰富，逐渐集成了电子邮件、微博、音乐、电视、游戏和搜索等多种功能。

随着移动互联网的发展，互联网即时通信也在向移动化扩张。目前，腾讯、美国在线服务公司（american On-Line，AOL）、阿里巴巴等重要即时通信提供商都提供通过手机接入互联网即时通信的业务，用户可以通过手机与其他已经安装了相应客户端软件的手机或电脑收发消息。

现在国内外的即时通信工具有微信、QQ、钉钉、MSN、Skype等。

2. 网络媒体

（1）网络新闻。网络新闻突破传统的新闻传播概念，在视、听、感方面给受众全新的体验。它将无序化的新闻进行有序的整合，并且大大压缩了信息的厚度，让人们在最短的时间内获得最有效的新闻信息。

网络新闻的特点是及时快捷，用户可以最大限度地参与网络新闻的互动，也可以发布自己的新闻，并在短时间内获得更快的传播，新闻将成为人们互动交流的热点。世界各地发生的一系列重大新闻事件，网络新闻作为信息渠道之一，发挥了重要作用。

（2）微博。微博，又称微博客，是一种允许用户及时更新简短文本（通常少于140字）并可以公开发布的微型博客形式。它允许任何人阅读或者由用户选择的群组阅读。随着微博发展，这些信息可以被很多方式传送，包括短信、实时信息软件、电子邮件或网页。一些微博客也可以发布多媒体，如图片或影音剪辑等。

微博的代表性网站是推特（Twitter）、新浪微博、Plurk，推特甚至已经成为微博客的代名词。

3. 数字娱乐

（1）网络音乐。网络音乐是指通过互联网、移动通信网等各种有线和无线方式传播的音乐产品，其主要特点是数字化的音乐产品制作、传播和消费模式。

网络音乐主要由两个部分组成:一是通过电信互联网提供在电脑终端下载或者播放的互联网在线音乐,二是无线网络运营商通过无线增值服务提供在手机终端播放的无线音乐,又被称为移动音乐。

网络音乐中所指的"网络",不仅仅包括通常所说的互联网,它所指的信息网络是包括电信网、移动互联网、有线电视网以及卫星通信、微波通信、光纤通信等各种以IP协议为基础的能够实现互动的智能化网络的互联。因此,网络音乐是网络产业与音乐产业、信息产业与文化产业的融合和跨越发展的产物,为传统音乐企业的转型和数字娱乐企业的发展带来了重大的机遇和挑战,也对促进网络文化产业的发展、丰富人民群众的文化娱乐生活起到了积极作用。

(2)网络视频。网络视频是指用户通过互联网播放的视频产品。网络视频是网络娱乐的重要方式之一。网络视频在中国迅速兴起,引起国家的重视。相关部门已经加强对网络视频相关方面的监管,以期进一步规范网络视频市场。

(3)网络游戏。网络游戏,又称"在线游戏",简称"网游",必须依托于互联网进行,可以多人同时参与的计算机游戏,通过人与人之间的互动达到交流、娱乐和休闲的目的。

网络游戏是政府和业界都尤为关注的网络应用。网络游戏是一把双刃剑,在提供更多的娱乐选择和促进相关产业发展的同时,也存在一些沉溺网络游戏,影响正常工作、学习、生活的负面问题。

4. 电子商务和网络购物

电子商务(electronic commerce)通常是指在全球各地广泛的商业贸易活动中,在因特网开放的网络环境下,基于浏览器/服务器应用方式,买卖双方不谋面地进行各种商贸活动,实现消费者的网上购物、商户之间的网上交易和在线电子支付以及各种商务活动、交易活动、金融活动和相关的综合服务活动的一种新型的商业运营模式。电子商务涵盖的范围很广,一般可分为企业对企业(business-to-business, B2B)、企业对消费者(business-to-consumer, B2C)和消费者对消费者(consumer-to-consumer, C2C)三种模式。

网上购物网是电子商务的一种,就是在网上购买平时到商店中才可以购买的产品,种类繁多,并且送货上门,但会收取邮费(有的也不收),还可以开网络商店,提供他人网络购物。

网络购物是互联网作为实用性工具的重要体现,随着中国整体网络购物环境的改善,网络购物市场的增长趋势明显。经济发达城市的网络购物普及率更高。

网上支付和网上银行是与网络购物密切关联的两个网络应用。在网络购物,尤其是C2C网络购物中,网上支付手段的使用已经较为普遍,B2C网络购物在网上支付手段方面也逐渐丰富,这两项网络应用的发展可以促进网络购物的发展。

5. 网络社区

网络社区是指以论坛、博客、网络聊天室等形式存在的网上交流空间。兴趣相同的网民集中在网络社区的同一主题内,共同交流相关话题。网络社区不仅是网民获取信息的渠道,也是网民寄托情感的途径。

网络社区的形式多种多样,搜索引擎网站开通的贴吧和空间,电子商务网站开通的论坛,即时通信网站背靠巨大的用户规模,开通的个人空间,还有各种不同人群定位的专业论坛、博客等,都是网络社区发展的形式。不同形式网络社区的兴起,满足了网民不同的需求,未来仍将会持续发展。

6.其他网络应用

网上银行、网上炒股/基金、网络求职和网络教育4项网络应用是互联网作为实用性工具的体现。

7.3 浏览器及其使用

7.3.1 浏览器

浏览器是用来浏览、检索、展示以及传递 Web 信息资源的应用程序。使用者可以运用浏览器,通过超级链接浏览互相关联的信息。目前,根据浏览器内核,主流的浏览器分为 IE、Chrome、Firefox、Safari 等大类。

(1)IE浏览器。微软推出的 Windows 系统自带的浏览器,它的内核是由微软独立开发的,简称 IE 内核。目前,配套 Windows 10 系统的是 IE11.0 和 Microsoft Edge8.0。Microsoft Edge 是由微软开发的新型浏览器,可以覆盖桌面平台和移动平台使用,有较强的扩展功能。国内一些软件公司在 IE 内核的基础上开发了一些使用比较方便的浏览器,如360浏览器、搜狗浏览器等。

(2)Chrome浏览器由 Google 在开源项目的基础上进行独立开发的一款浏览器,市场占有率第一,而且它提供了很多方便开发者使用的插件。Chrome 浏览器不仅支持 Windows 平台,还支持 Linux、Mac 系统,同时它也提供了移动端的应用(如 Android 和 iOS 平台)。

(3)Firefox浏览器。开源组织提供的一款开源的浏览器,它开源了浏览器的源码,同时也提供了很多插件,方便了用户的使用,支持 Windows 平台、Linux 平台和 Mac 平台。

(4)Safari浏览器。Apple 公司为 Mac 系统量身打造的一款浏览器,主要应用在 Mac 和 iOS 系统中。

7.3.2 IE浏览器的使用

IE(internet explorer)浏览器是微软公司推出的免费浏览器。虽然目前市场上有很多公司推出的浏览器软件,用户也根据各自喜好和使用习惯挑选使用,国内用户使用的浏览器采用 IE 内核较多。本章节仍然以 IE 浏览器为对象,介绍其具体使用方法。IE 浏览器直接绑定在微软的 Windows 操作系统中,不需要单独下载安装。目前,IE11.0是浏览器的主流版本,本书将以 IE11.0 为例介绍浏览器。

1.IE11.0的窗口组成

IE11.0的窗口主要由七部分组成:菜单栏、地址栏、选项卡、命令栏、收藏夹栏、网页窗口和状态栏,IE11.0浏览器界面如图 7-10 所示。

图7-10　IE11.0浏览器的窗口界面

2.浏览网页

使用浏览器浏览网页的方法很多,常用的方法主要有两种:一是通过在地址栏内输入指定的网址打开网页,如图7-11所示;二是在收藏夹中选择要访问的网站标签浏览网页,如图7-12所示。

图7-11　地址栏键入网址

图7-12　通过收藏夹浏览网页

3. 收藏夹的使用

对于需要经常访问的网页或站址,可以将该网页或站址添加到收藏夹列表中保存起来,需要再次打开该网页或者站点时,可在工具栏上单击"收藏"按钮,从收藏夹列表中选择相关网页或网址的标签即可。

(1)添加到收藏夹。将当前正在浏览的网页地址添加到收藏夹的具体操作:执行"收藏夹"→"添加到收藏夹",在弹出的"添加到收藏夹"对话框的"名称"栏中输入便于记忆的名称作为标签,如将"http://www.zou.edu.cn"网址保存为"浙江开放大学",并单击"创建到"按钮,选择网址归类文件夹,也可以不归类,如图7-13所示。

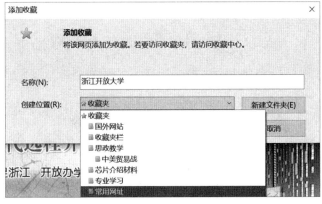

图7-13 添加到收藏夹

(2)整理收藏夹。当收藏夹列表中的网址数量较多时,可以创建文件夹进行分类管理。具体操作:执行"收藏夹"→"整理收藏夹",在"整理收藏夹"的对话窗口中单击"新建文件夹"按钮,输入新文件夹名,如图7-14所示。

图7-14 整理收藏夹

4. IE 11.0浏览器的常规设置

IE 11.0浏览器的常规设置，包括起始主页、Internet临时文件、历史记录和连接设置等。单击"工具"→"Internet选项"，在图7-15所示的"Internet选项"对话框的各个选项卡中对浏览器进行设置。

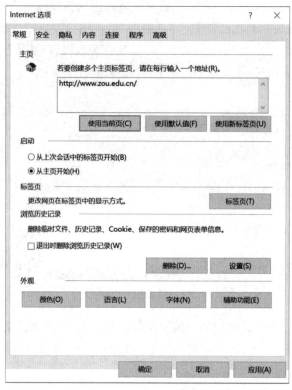

图7-15　"Internet选项"对话框

（1）起始主页设置。主页是启动IE浏览器时所连接的网页，默认的网页地址是浏览器生产商的主页地址，若要更换主页地址，只需在图7-15所示的"Internet选项"对话框的"常规"选项卡内"主页"一栏键入新的网址即可，也可单击"使用当前页"和"使用空白页"按钮来设置起始主页。

（2）临时文件和历史记录的设置。Internet临时文件存放在本地硬盘上的一个文件夹内，主要用于存放频繁访问或已经查看过的网页。增加该文件夹的空间可以提高网页的显示速度，在"常规"选项卡上，单击"设置"按钮，在弹出的"设置"对话框中调整文件夹的空间，如图7-16所示。

图7-16　临时文件夹设置

"历史记录"保存了用户在若干天内浏览的网页记录。保存的网页天数可以由用户自行设置,设定天数越多,需要的硬盘空间就越大。

5. 脱机浏览

脱机浏览就是在离线情况下访问Cache(磁盘缓存)中的网页,可以在不与Internet连接时浏览网页的内容。通过对浏览器的设置,可以设定希望脱机浏览的网页及其相应的链接,并且可以随时更新这些内容。

7.3.3 搜索引擎的使用

Internet上信息繁多、资源丰富,为了能快速找到所需要的资源,可以使用搜索引擎来搜索需要的信息。搜索引擎的英文名称为Search Engine,中文名称还可以称为"搜索器""网络指南针""搜寻器"等。每一个搜索引擎都是一个万维网网站,不同于普通网站的是,搜索引擎网站的主要资源是它的索引数据库,而不是它的网页信息,因此搜索引擎的主要功能是为人们搜索Internet上信息资源并提供获得所需信息的路径(网址)。

1. 搜索引擎的分类

根据应用领域的不同,搜索引擎的主要类型有中文搜索引擎、英文搜索引擎、FTP搜索引擎等,在我国使用最为广泛的是中文搜索引擎。

从搜索引擎的工作原理来区分,搜索引擎有两种基本类型:一类是纯技术型的全文检索搜索引擎,如Google、AltaVista、Inktomi等,其原理是通过机器手(即Spider程序)到各个网站搜集、存储信息,并建立索引数据库供用户查询;另一类称为分类目录,这种"搜索引擎"并不采集网站的任何信息,而是利用各网站向"搜索引擎"提交网站信息时填写的关键词和网站描述等资料,经过人工审核编辑后,如果符合网站登录的条件,则输入数据库以供查询。Yahoo是分类目录的典型代表,国内的搜狐、新浪等搜索引擎也是从分类目录发展起来的。

2. 常用搜索引擎介绍

(1)Google搜索引擎(www.google.com)。Google成立于1998年,几年间迅速发展成为目前规模最大的搜索引擎,并向AOL、Compuserve、Netscape等其他门户和搜索引擎提供后台网页查询服务。作为目前最优秀的、支持多语种的搜索引擎之一,它富于创新的高级搜索技术以及方便用户使用的设计界面,本着"整合天下信息,让人人能获取,使人人都受益"的使命,发展成为全球十分重要的搜索引擎。

(2)百度中文搜索引擎(www.baidu.com)。百度公司于1999年底成立于美国硅谷。2000年1月,百度公司在中国成立了它的全资子公司百度网络技术(北京)有限公司,随后于同年10月成立了深圳分公司。百度是当今全球最大的中文搜索引擎,国内最大的商业化全文搜索引擎,公司创始人李彦宏拥有"超链分析"技术专利,也使中国成为美国、俄罗斯和韩国之外,全球仅有的4个拥有搜索引擎核心技术的国家之一。作为全球最大的中文搜索引擎,百度每天响应来自100余个国家和地区的数十亿次搜索请求,是网民获取中文信息的最主要入口。

(3)必应中英文搜索引擎cn.bing.com。Bing(必应)是微软公司于2009年5月28日推出的全新搜索品牌,必应集成了搜索首页图片设计,崭新的搜索结果导航模式,创新的分类搜索、相关搜索用户体验模式,视频搜索结果无需点击直接预览播放,图片搜索结果无需翻页等功能。

必应还推出了专门针对中国用户需求而设计的必应地图搜索和公交换乘查询功能。同时,搜索中还融入了微软亚洲研究院的创新技术,增强了专门针对中国用户的搜索服务和快乐搜索体验。

7.3.4 文件的上传和下载

Internet有许多免费和共享软件、图片、声音和动画文件,还有各种书籍和参考资料等。但是由于Internet中的每个网络和每台计算机的操作系统可能有很大的差异,因此直接共享不是很现实。对于用户需要的文件资源,可以采用几种方法传输到计算机上,其中最主要的方法就是通过文件传输协议(file transfer protocol,FTP)。该协议是用于文件的"上传"和"下载"。"上传"文件就是将本地计算机中的文件拷贝到远程服务器上,"下载"文件就是将远程服务器上的文件拷贝到本地计算机上。

1. FTP文件传输协议

FTP是在Internet上常用的一种协议,可以快速地传输文件。它是TCP/IP协议族中有关文件传输的协议,位于应用层。早期,几乎所有的文件传输都采用FTP协议。而目前使用的文件传输协议有些是专门设计的。

2. FTP的工作原理

FTP与Internet的其他信息服务一样,也工作在客户/服务器(client/server)模式下。在网络上的两个站点之间传输文件,要求被访问的站点必须运行FTP的服务器程序作为FTP服务器(FTP server),而用户需要在自己的本地计算机上执行FTP客户端程序,才能获取远程FTP服务器提供的服务。FTP客户端与服务器端的文件资源的"上传"与"下载"如图7-17所示。用户可以从服务器端的计算机中得到自己所需要的文件,也可方便地将客户端的文件上传到服务器端的计算机上。

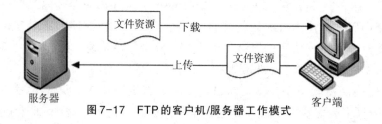

图7-17　FTP的客户机/服务器工作模式

3. 文件传输的3种访问方式

FTP连接分为注册用户和匿名用户连接,二者最大的差别是对服务器的访问权限不同。前者由远程服务器的系统管理员分配给注册用户一个用户名和密码,用户一般可以执行文件的"上传"和"下载";而匿名用户一般以"anonymous"用户名登录服务器,只能"下载"文件而没有"上传"文件的权限。在用户使用FTP服务时,有以下3种访问方式:

(1)命令行方式的FTP:一般用户在命令提示符界面下,使用命令访问FTP服务器。这是早期用户使用的方法,目前对用户来说,很少采用这种方式。

（2）浏览器方式的FTP:指用户通过浏览器来访问FTP服务器,这是当前很多用户常用的访问方式,如图7-18所示。

图7-18 浏览器方式的FTP

（3）客户端软件访问FTP:指用户通过FTP软件,如通过CuteFtp、LeapFtp、网际快车等软件,连接FTP服务器,"上传"和"下载"信息资料。目前,大多数用户喜欢采用这种方式。下面我们以CuteFtp为例,实现文件的传输。

【操作实例】 用客户端软件CuteFtp,浏览网站的FTP空间并进行文件的传输。

具体操作步骤如下:

① 启动客户端软件CuteFtp 9,并执行"文件"→"新建"→"FTP站点",新建FTP站点连接,如图7-19所示。

图7-19 客户端软件CuteFtp 9界面

② 在"站点属性"对话框内输入FTP空间地址、用户名和密码,单击"连接"按钮,如图7-20所示。

③ 选择窗体左侧的"本地驱动器"选项卡,从本地计算机内选择需要上传的文件,双击该文件,或者直接将其拖曳到窗体右侧的"空间"内即可。

④ 在窗体右侧的"空间"内选择需要下载的文件,双击该文件即可下载到本地计算机的目标文件夹内。

(4)Internet上常用的4种下载方法。随着互联网技术的普及和提高,大部分用户采用的下载方法主要有以下4种:

① 直接点击下载:直接点击所需资源的链接后,可以激活保存的页面进行保存。

② 右击下载:在所选资源处,先右击,然后在快捷菜单中选择适合的下载方法。

图 7-20 "站点属性"对话框

③ 网页下载(保存网页):通过执行"文件"→"另存为"命令,确定保存的位置后,单击"保存"按钮,即可完成网页的下载。

④ 应用专用软件下载:常用的下载工具软件有"网际快车""讯雷""网络蚂蚁""电驴""超级旋风"等。

7.4 电子邮件

7.4.1 申请免费电子邮箱

电子邮箱一般有收费和免费两种,除了部分单位或公司自己设立邮件服务器,提供电子邮箱之外,一般的电子邮箱都必须向ISP(Internet服务商)购买或者申请。例如,新浪(http://www.sina.com.cn)、搜狐(http://www.sohu.com)、网易(http://www.163.com)等网站都是提供收费和免费的电子邮箱。

申请免费电子邮箱的具体步骤如下:

(1)通过IE浏览器,打开提供电子邮箱服务的ISP网站主页,如以网易(http://www.163.com)为例,在主页上找到"免费邮箱"栏目,点击进入"163网易免费邮"窗口,如图7-21所示。

(2)如果已有注册邮箱,就直接在右侧登录框登录;若是第一次申请邮箱,即点击"注册"按钮,进入"网易通行证"注册页,如图7-22所示。

图 7-21 "163网易免费邮"窗口

图 7-22 "网易通行证"注册窗口

（3）在"网易通行证"注册窗口内，输入自己喜爱的用户名，如"zou_student"，经过验证该用户名可用后，依次输入注册信息，单击"提交"按钮，完成注册。

（4）单击进入新申请的免费邮箱"zou_student@163.com"，如图 7-23 所示。

图 7-23　"zou_student@163.com"邮箱管理界面

7.4.2　Web方式收发电子邮件

当计算机连入 Internet 后,通过 WWW 浏览器登录到提供免费邮箱的 ISP 网站,例如登录已申请的"zou_student@163.com"邮箱,进入"zou_student@163.com"邮箱管理界面,如图 7-23 所示,单击"收信"或者"收件箱"按钮即可收取邮件,如图 7-24 所示。

图 7-24　收邮件

在"zou_student@163.com"邮箱管理页面内,单击"写信"按钮,在写信栏里输入收件人地址、主题、正文等相应内容,如图7-25所示。若需要在信件里附带文件,只需单击"添加附件"按钮,选择需要上传的文件。最后单击"发送"按钮发送邮件。

图 7-25　发邮件

7.4.3　Outlook Express

通过 Web 方式收发电子邮件简单、易用,但是每次收发邮件必须登录提供免费邮箱的 ISP 网站,特别是需要同时处理多个邮箱的时候,就显得不方便。因此,经常处理邮件的用户习惯于使用电子邮件客户端软件,如 Outlook Express,Foxmail 等,下面以 Outlook Express 为例做介绍。

1. Outlook Express简介

Outlook Express 是邮件系统中常用的客户端软件,它提供了方便的电子邮件编辑功能。例如,用户可以在电子邮件中随意加入图片、文件和超级链接,其编辑规则和操作都与 Word 类似;它具有多种发信方式可供选择,如立即发信、延时发信、信件暂存为草稿等;通过它还可以同时方便地管理多个不同电子邮箱中的 E-mail 账号。此外,它还提供了通过通讯簿存储和检索电子邮件地址及信件的过滤等功能。

2. 账号的设置

启动 Outlook Express 软件,如图7-26所示。

添加邮件账号的具体步骤:

① 选择"文件"→"信息"窗口中的"添加账户",出现"添加账户"对话框,如图7-27所示。

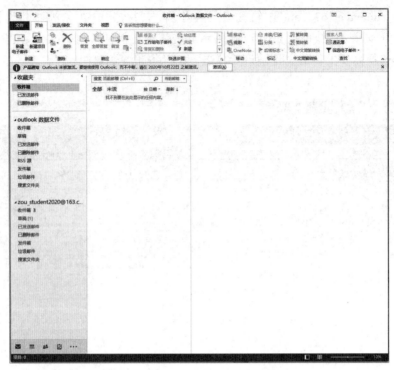

图 7-26　Outlook Express主窗口

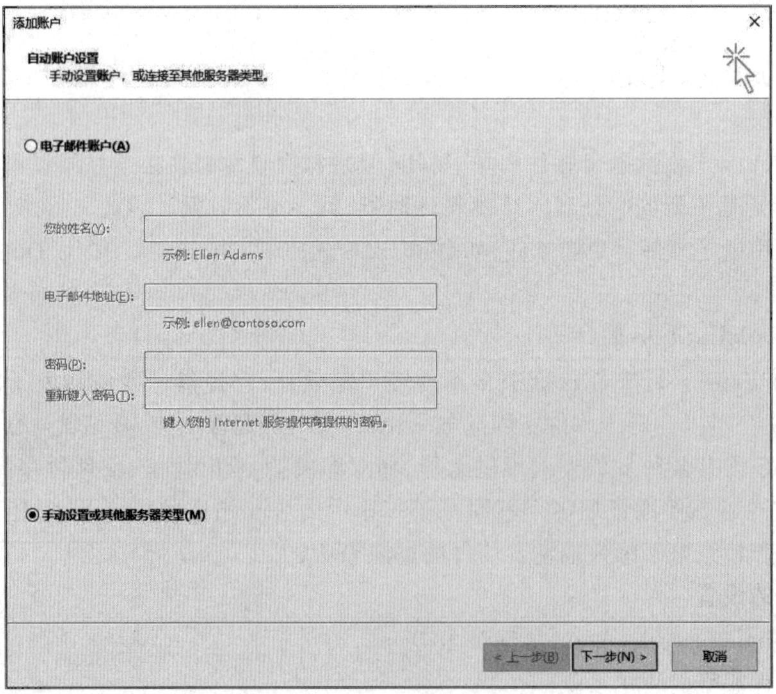

图 7-27　"添加账户"对话框

② 选择手动配置或其他服务器类型,然后选择POP或IMAP选项。

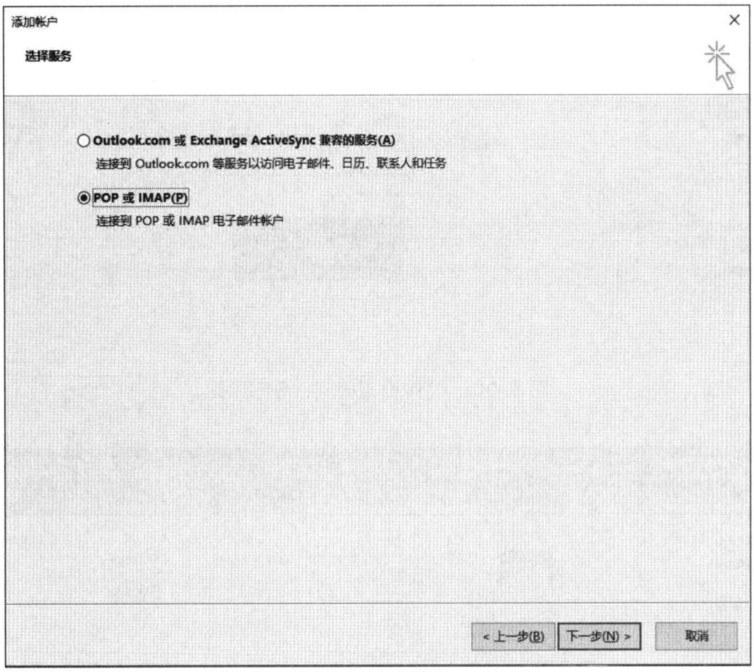

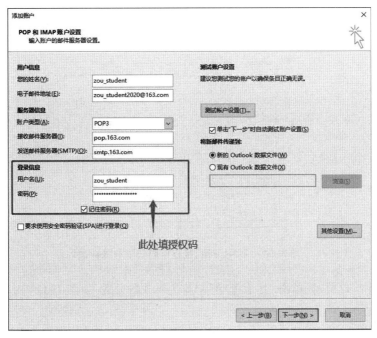

图7-28 "选择服务"对话框

③ 接下来的填写如图7-29,这里要注意的是登录信息的用户名和密码,用户名不得带地址后缀,密码填授权密码。163或qq邮箱密码需要开通POP服务,下面以163邮箱为例,邮件设置开通POP服务如图7-30。POP开通后,授权密码获取和服务器地址如图7-31所示。

图7-29 "POP和IMAP账户设置"对话框

图 7-30　邮件设置开通 POP 服务

图 7-31　POP 开通,授权密码获取和服务器地址

④ 如图 7-32 所示,单击"其他设置","发送服务器设置"如图 7-33 所示。

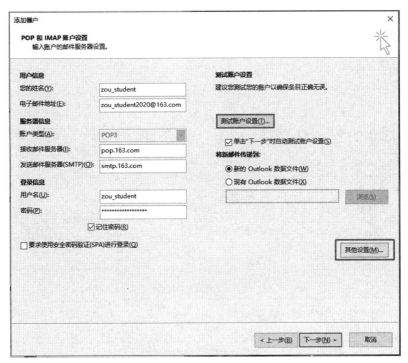

图 7-32 "其他设置"

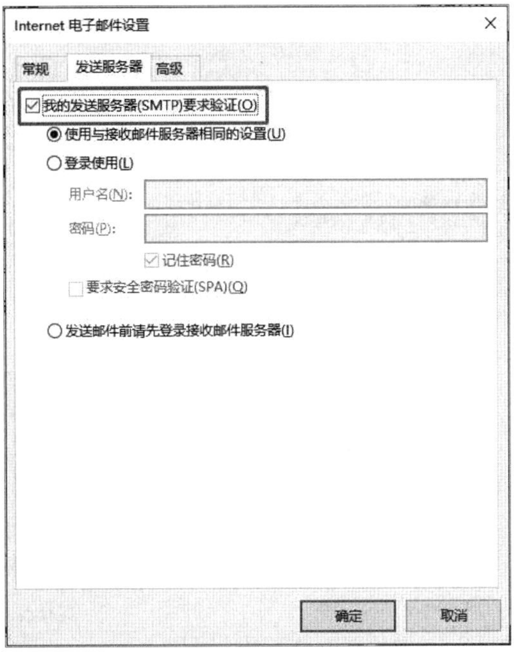

图 7-33 "发送服务器"设置

⑤ 如图 7-34 所示"测试账户设置",设置成功如图 7-35 所示,具体账户空间如图 7-36 所示。

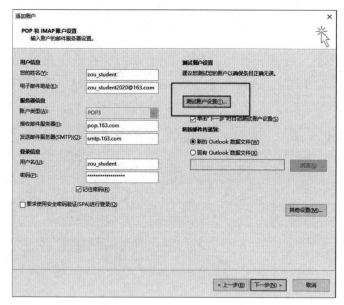

图 7-34 "测试账户设置"设置   图 7-35 测试成功

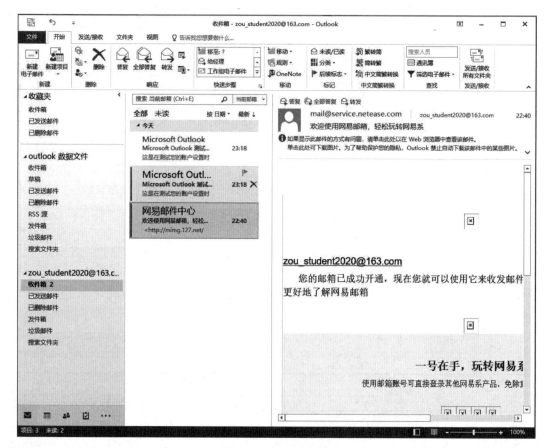

图 7-36 账户空间

3. 接收和回复邮件

接收邮件有"人为接收"和"自动接收"两种方式。"人为接收"方式主要是接收比较紧急的邮件,可以通过单击 Outlook Express 主界面上的"发送/接收"按钮方式来接收邮件;"自动接收"是 Outlook Express 的默认接收邮件方式。在 Outlook Express 主界面上,选择"文件"→"选项"→"邮件"菜单项,在弹出的"选项"对话框中,选择"常规"选项卡,在"发送/接收邮件"选项区域中,系统默认选中三个复选框,如图 7-37 所示。当 Outlook Express 启动时,会到每个邮件账号所对应的电子邮箱中去取电子邮件,然后每隔 30 min 收取一次,间隔时间可以按个人需要调整。

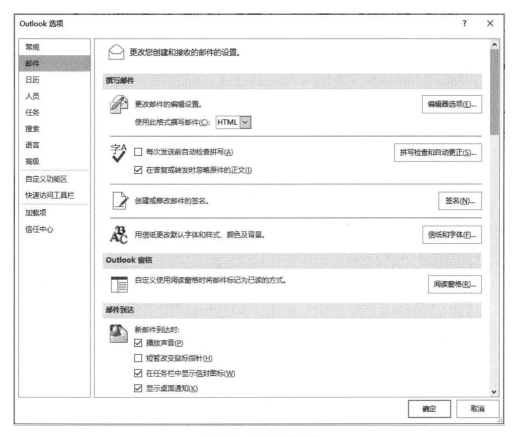

图 7-37 "常规"选项卡

单击本地文件夹里的"收件箱"图标,在邮件区列出了所有收到的电子邮件。双击想要阅读的电子邮件,可在新窗口打开邮件。若要回复邮件,在打开邮件的窗口点击"答复"按钮,在新打开的"回复"窗口内,输入回复内容,单击工具栏上的"发送"按钮即可。

4. 创建并发送新邮件

邮件的创建、拼写检查和格式化都可以在 Outlook Express 内完成,创建并发送新邮件的具体步骤如下:

① 在 Outlook Express 主界面上单击"创建邮件"按钮,弹出"新邮件"对话框,如图 7-38 所示。

图 7-38 "新邮件"窗口

② 在"收件人"文本框中输入收件人的电子邮件地址,在"抄送"文本框中输入需要接收邮件副本的用户地址,多个地址之间用分号(;)隔开。

③ 在"主题"文本框内输入邮件的主题信息。

④ 在邮件的正文区域输入邮件的正文信息,并可以对正文信息的文本格式进行编辑,如图 7-39 所示。

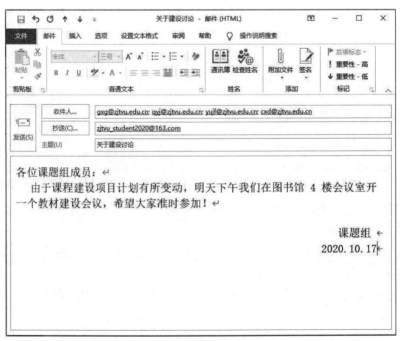

图 7-39 填写邮件信息

⑤ 若需要附带文件,选择"插入"→"文件附件"菜单项,在弹出窗口内选择需要附带的文件。

⑥ 检查邮件并单击"发送",完成邮件发送。

5. 管理邮件

当收到非常重要的邮件时,希望把它们保存起来;当信箱里的邮件太多时,会想要删除其中的一部分,通常邮件的常规管理方法如下:

① 保存邮件。保存邮件的操作与保存普通文件的操作类似。选择要保存的电子邮件,选择"文件"→"另存为"命令,在弹出窗口中选择保存的位置和文件类型,并输入文件名,单击"保存"按钮即可。

② 删除邮件。在邮件列表中,选中要删除的邮件,单击工具栏上的"删除"按钮删除邮件。如果要彻底删除邮件,选中"已删除邮件"图标,单击右键,选择"清空'已删除邮件'文件夹"选项可彻底删除邮件。

7.5 网络礼仪

在因特网上人与人之间的交流,由于各种环境因素,对方未必可以完全正确理解你所表达的意思,因此,很容易陷入"言者无意,听者有心"的困境。党的二十大报告中指出,提高全社会文明程度,推动明大德、守公德、严私德,提高人民道德水准和文明素养。虽然,网络是一个"约束较少"的地方,但网络的礼仪规范是必须要有的,在网络的另一端是和你一样的有血有肉有感情有思想的人,必须注意自己的言行举止,遵守一定的"网络礼仪"。"网络礼仪(netiquette)"是指在网上交往活动中形成的被赞同的礼节和仪式。换句话说,就是人们在互联网上交往所需要遵循的礼节,是一系列人们在网上合适表现的规则集。只有当使用互联网的人懂得并遵守这些规则,互联网的效率才能得到更充分、更有效地发挥。

目前,对"网络礼仪"的表述很多,内容涉及也很广泛,主要集中在以下8个方面:

1. 记住别人的存在

互联网给予来自五湖四海人们一个共同的地方聚集,这是高科技的优点,但往往也使得我们面对着电脑荧屏忘了我们是在跟其他人打交道,我们的行为也因此容易变得更粗劣和无礼。因此"网络礼仪"第一条就是"记住别人的存在"。如果你当着面不会说的话在网上也不要说。

2. 网上网下行为一致

在现实生活中大多数人都是遵纪守法的,同样地在网上也应如此。网上的道德和法律与现实生活是相同的,不要以为在网上就可以降低道德标准。

3. 入乡随俗、尊重他人

在不同的网站、论坛有不同的规则。在一个论坛可以做的事情在另一个论坛可能不易做。比方说在聊天室打哈哈、发布传言和在一个新闻论坛散布传言是不同的。最好的建议:先待一会儿再发言,这样你可以知道该聊天室、论坛的气氛和可以接受的行为。

4. 给自己在网友中留个好印象

给他人留个好印象,是尊重他人的体现,也是获得他人尊重的开端,因为网络的匿名性质,别人无法从你的外观来判断,因此你的一言一语成为别人对你印象的唯一判断。如果你对某个方面不是很熟悉,就需要学习一下再开口,无的放矢、不得要领只能得个"灌水"的帽子。同样地,发帖以前仔细检查语法和用词,切不可故意挑衅和使用脏话。当需要向别人提问题以前,先自己花些时间去搜索和研究,尽可能不浪费他人的时间。

5. 争论要心平气和,要以理服人

不管是论坛还是聊天室,五湖四海的人们共聚一起,意见总是有分歧的,矛盾总是存在的,争论是正常的现象,争论是为了寻求统一,争论要心平气和,要以理服人,不要进行人身攻击。如果你受到一些恶作剧性的来电、来信的骚扰,可考虑与网络管理人员联系,切不可因一时气愤,对其他用户进行无差别的报复。

6. 不随意公开个人隐私,尊重他人的隐私

一般情况下不要随意在网上公开自己的E-Mail、真实姓名、地址、电话号码等个人信息,即使是关系较好的网友。对于他人隐私,更加应注意保密,应该尊重他人的隐私,以免给他人带来伤害。别人与你用电子邮件或即时通信软件(ICQ/QQ)沟通的记录是隐私的一部分;如果你认识某个人用笔名上网,在论坛未经同意将他的真名公开也是一个不好的行为;如果无意看到别人的电子邮件或秘密,也不应该到处传播。

7. 不要滥用网络权利

管理员比其他用户有更多的权力,应该珍惜使用这些权力,科学地管理网络。管理员的首要责任是维持秩序,树立健康、文明的形象;管理员在行使权力前,应对用户进行劝说和警告。同时,合理保证管理员的公正、威严,不可发生包庇、偏袒行为;管理员要有广阔的胸襟,谦虚、热诚、礼貌地对待网友,不可经常炫耀自己的管理员身份;管理员要搞好与其他管理员基本的同事关系,对其他管理员不可使用权力;管理员应帮助用户并回答用户合理的问题,如不能解决,要说明原因。

8. 网上待人也需要宽容

宽容是一种美德,人与人交往,难免会有些小摩擦,只要是无恶意的,就应该设身处地站在他人角度想一想,给对方提供改过的机会。网上的道理也是这样,要允许犯错误,当看到别人写错字,用错词,问一个低级问题或者写了没有必要的长篇大论时,你不要在意。如果你真的想给他建议,最好用电子邮件私下提议,这样可顾全他人面子。

7.6 网络安全基础

7.6.1 网络安全问题概述

国家安全是民族复兴的根基,网络安全是国家安全的重要组成部分。网络安全是一门涉及计算机科学、网络技术、通信技术、密码技术、信息安全技术、应用数学、数论、信息论等

多种学科的综合性学科。

加强网络安全保障体系建设是国家安全体系建设的重要一环。网络安全是指网络系统的硬件、软件及其系统中的数据受到保护,不因偶然的或者恶意的原因而遭受到破坏、更改、泄露,系统连续可靠正常地运行,网络服务不中断。网络安全从其本质上来讲就是网络上的信息安全。从广义来说,凡是涉及网络上信息的保密性、完整性、可用性、真实性和可控性的相关技术和理论都是网络安全的研究领域。

网络安全应具有以下4个方面的特征:

(1)保密性:信息不泄露给非授权用户、实体或过程,或供其利用的特性。

(2)完整性:数据未经授权不能进行改变的特性。即信息在存储或传输过程中保持不被修改、不被破坏和丢失的特性。

(3)可用性:可被授权实体访问并按需求使用的特性。即当需要时能否存取所需的信息。例如网络环境下拒绝服务、破坏网络和有关系统的正常运行等都属于对可用性的攻击。

(4)可控性:对信息的传播及内容具有控制能力。

从网络运行和管理者角度说,他们希望对本地网络信息的访问、读写等操作受到保护和控制,避免出现"陷门"、病毒、非法存取、拒绝服务和网络资源非法占用和非法控制等威胁,制止和防御网络黑客的攻击。对安全保密部门来说,他们希望对非法的、有害的或涉及国家机密的信息进行过滤和防堵,避免机要信息泄露,避免对社会产生危害,对国家造成巨大损失。从社会教育和意识形态角度来讲,网络上不健康的内容,会对社会的稳定和人类的发展造成阻碍,必须对其进行控制。

随着计算机技术的迅速发展,在计算机上处理的业务也由基于单机的数学运算、文件处理,基于简单连接的内部网络的内部业务处理、办公自动化等发展到基于复杂的内部网(Intranet)、企业外部网(Extranet)、全球互连网(Internet)的企业级计算机处理系统和世界范围内的信息共享和业务处理。在系统处理能力提高的同时,系统的连接能力也在不断地提高。但在连接能力、信息流通能力提高的同时,基于网络连接的安全问题也日益突出。因此,计算机网络安全问题应该像每家每户的防火防盗问题一样,做到防患于未然。甚至不会想到你自己成为目标之前,威胁就已经出现了,一旦发生,常常措手不及,造成极大的损失。

7.6.2 网络安全技术

网络安全技术是指致力于解决诸如如何有效进行介入控制,以及如何保证数据传输的安全性的技术手段,主要包括物理安全、访问控制、数据加密以及其他一些措施。

(1)物理安全。例如,保护网络关键设备(如交换机、大型计算机等),制定严格的网络安全规章制度,采取防辐射、防火以及安装不间断电源(UPS)等措施。

(2)访问控制。对用户访问网络资源的权限进行严格的认证和控制。例如,进行用户身份认证,对口令加密、更新和鉴别,设置用户访问目录和文件的权限,控制网络设备配置的权限,等等。

(3)数据加密。加密是保护数据安全的重要手段。加密的作用是保障信息被人截获后不能读懂其含义。防止计算机网络病毒,安装网络防病毒系统。

(4)其他措施。其他措施包括信息过滤、容错、数据镜像、数据备份和审计等。近年来,围绕网络安全问题提出了许多解决办法,如防火墙技术是通过对网络的隔离和限制访问等方法来控制网络的访问权限,从而保护网络资源。其他安全技术包括密钥管理、数字签名、认证技术、智能卡技术和访问控制等。

7.6.3 计算机病毒防御

1. 计算机病毒的概念

《中华人民共和国计算机信息系统安全保护条例》第二十八条对计算机病毒做了定义:计算机病毒是指编制或者在计算机程序中插入的破坏计算机功能或者破坏数据,影响计算机使用,并能自我复制的一组计算机指令或者程序代码。

按照计算机病毒存在的媒体,病毒可以分为网络病毒、文件病毒、引导型病毒。网络病毒通过计算机网络传播感染网络中的可执行文件,文件病毒感染计算机中的文件(如COM、EXE、DOC等),引导型病毒感染启动扇区(Boot)和硬盘的系统引导扇区(MBR)。

2. 计算机病毒的特点

计算机病毒具有以下几个特点:

(1)寄生性。计算机病毒寄生在其他程序之中,当执行这个程序时,病毒就起破坏作用,而在未启动这个程序之前,它是不易被人发觉的。

(2)传染性。计算机病毒不但本身具有破坏性,更有害的是具有传染性,一旦病毒被复制或产生变种,其速度之快令人难以预防。

(3)潜伏性。有些病毒像定时炸弹一样,让它什么时间发作是预先设计好的。比如"黑色星期五"病毒,不到预定时间一点都觉察不出来,等到条件具备的时候一下子就爆炸开来,对系统进行破坏。

(4)隐蔽性。计算机病毒具有很强的隐蔽性,有的可以通过病毒软件检查出来,有的根本就查不出来,有的时隐时现、变化无常,这类病毒处理起来通常很困难。

3. 常见的病毒表现形式

计算机受到病毒感染后,会表现出不同的症状,下面把一些经常碰到的现象列出来,供用户参考。

(1)机器不能正常启动。加电后机器根本不能启动,或者可以启动,但所需的时间比原来的启动时间变长了。有时会突然出现黑屏现象。

(2)运行速度降低。如果发现在运行某个程序时,读取数据的时间比原来长,存文件或调文件的时间都增加了,那就可能是病毒造成的。

(3)磁盘空间迅速变小。由于病毒程序要进驻内存,而且又能繁殖,因此使内存空间变小甚至变为"0",用户什么信息也进不去。

(4)文件内容和长度有所改变。一个文件存入磁盘后,本来它的长度和其内容都不会改变,可是由于病毒的干扰,文件长度可能改变,文件内容也可能出现乱码。或者文件内容无法显示或显示后又消失了。

（5）经常出现"死机"现象。正常的操作是不会造成死机现象的，即使是初学者，操作不对一般也不会死机。如果机器经常死机，那可能是系统被病毒感染了。

（6）外部设备工作异常。因为外部设备受系统的控制，如果机器中有病毒，外部设备在工作时可能会出现一些异常情况，出现一些用理论或经验说不清道不明的现象。

以上仅列出一些比较常见的病毒表现形式，还会遇到一些其他的特殊现象，这就需要由用户自己判断了。

4.计算机病毒的预防

对计算机病毒进行预防，首先，要在思想上重视、加强管理、防止病毒入侵。凡是从外来的软盘、优盘等往机器中复制信息，都应该先对其进行查毒，若有病毒必须清除，这样可以保证计算机不被新的病毒传染。其次，由于病毒具有潜伏性，可能机器中还隐蔽着某些旧病毒，一旦时机成熟还将发作，所以，要经常对磁盘进行检查。若发现病毒就及时杀除，不要在互联网上随意下载软件。另外，病毒潜伏在网络上的各种可下载程序中，如果随意下载、随意打开，对于制造病毒者来说，可真是再好不过了。因此，不要贪图免费软件，如果实在需要，请在下载后执行杀毒软件彻底检查。不要轻易打开电子邮件的附件。近年来造成大规模破坏的许多病毒，都是通过电子邮件传播的。不要以为只打开熟人发送的附件就一定保险，有的病毒会自动检查受害人电脑上的通讯录并向其中的所有地址自动发送带毒文件。最妥当的做法是先将附件保存下来，不要打开，先用查毒软件彻底检查。

思想上重视是基础，采取有效的查毒与消毒方法是技术保证。检查病毒与消除病毒目前通常有两种手段，一种是在计算机中加一块防病毒卡，另一种是使用防病毒软件，一般用防病毒软件的用户更多一些。切记要注意一点，预防与消除病毒是一项长期的工作任务，不是一劳永逸的，应坚持不懈。

7.6.4　计算机职业道德

为推动我国互联网行业健康、有序地发展，在信息产业部等国家有关部门的指导下，由中国互联网协会发起，经过反复修改，于2002年制定了《中国互联网行业自律公约》。《中国互联网行业自律公约》共31条，分别对我国互联网行业自律的目的、原则、互联网信息服务、运行服务、运用服务、上网服务、网络产品的开发、生产以及其他与互联网有关的科研、教育、服务等领域从业者的自律事项等做了规定。

计算机职业道德是指在计算机行业及其应用领域所形成的社会意识形态和伦理关系下，调整人与人之间、人与知识产权之间、人与计算机之间，以及人和社会之间关系的行为规范总和。

随着计算机应用的日益发展，Internet应用的日益广泛，开展计算机职业道德教育是十分重要的。在西方国家网络道德教育已成为高等学校的教育课程，而我国在这方面还是空白，学生只重视学技术理论课程，基本不探讨计算机网络道德问题。在德育课上，所讲授的内容同样也很少涉及这一新领域。

应注意的计算机道德规范主要有以下几个方面：

1. 有关知识产权

1991年6月我国颁布了《中华人民共和国著作权法》(2010年进行第二次修订),计算机软件列为享有著作权保护的作品;1991年6月,颁布了《计算机软件保护条例》(2013年进行第二次修订),规定计算机软件是个人或者团体的智力产品,同专利、著作一样受法律的保护,任何未经授权的使用、复制都是非法的,按规定要受到法律的制裁。人们在使用计算机软件或数据时,应遵照国家有关法律规定,尊重其作品的版权,这是使用计算机的基本道德规范。建议人们养成良好的道德规范,具体如下:

(1)应该使用正版软件,坚决抵制盗版,尊重软件作者的知识产权。

(2)不对软件进行非法复制。

(3)不要为了保护自己的软件资源而制造病毒保护程序。

(4)不要擅自篡改他人计算机内的系统信息资源。

2. 有关计算机安全

计算机安全是指计算机信息系统的安全。计算机信息系统是由计算机及其相关的和配套的设备、设施(包括网络)构成的,为维护计算机系统的安全,防止病毒的入侵,我们应该注意:

(1)不要蓄意破坏和损伤他人的计算机系统设备及资源。

(2)不要制造病毒程序,不要使用带病毒的软件,更不要有意传播病毒给其他计算机系统(传播带有病毒的软件)。

(3)要采取预防措施,在计算机内安装防病毒软件,要定期检查计算机系统内文件是否有病毒,如发现病毒,应及时用杀毒软件清除。

(4)维护计算机的正常运行,保护计算机系统数据的安全。

(5)被授权者对自己享用的资源负有保护责任,口令密码不得泄露给外人。

3. 有关网络行为规范

计算机网络正在改变着人们的行为方式、思维方式乃至社会结构,它对于信息资源的共享起到了无与伦比的巨大作用,并且蕴藏着无尽的潜能。但是网络的作用不是单一的,在它广泛的积极作用背后,也有使人堕落的陷阱,这些陷阱产生了巨大的负面作用。其主要表现在:网络文化的误导,传播暴力、色情内容;网络诱发着不道德和犯罪行为;网络的神秘性"培养"了计算机"黑客",如此等。

各个国家都制定了相应的法律法规,以约束人们使用计算机以及在计算机网络上的行为。例如,我国公安部公布的《计算机信息网络国际联网安全保护管理办法》中规定任何单位和个人不得利用国际互联网制作、复制、查阅和传播下列信息:

(1)煽动抗拒、破坏宪法和法律、行政法规实施的。

(2)煽动颠覆国家政权,推翻社会主义制度的。

(3)煽动分裂国家、破坏国家统一的。

(4)煽动民族仇恨、破坏国家统一的。

(5)捏造或者歪曲事实,散布谣言,扰乱社会秩序的。

(6)宣言封建迷信、淫秽、色情、赌博、暴力、凶杀、恐怖,教唆犯罪的。

(7)公然侮辱他人或者捏造事实诽谤他人的。

（8）损害国家机关信誉的。

（9）其他违反宪法和法律、行政法规的。

在使用计算机时应该抱着诚实的态度、无恶意的行为，并要求自身在智力和道德意识方面取得进步。美国计算机伦理协会总结、归纳了以下计算机职业道德规范，称为"计算机伦理十戒"供参考。

（1）不应该用计算机去伤害他人。

（2）不应该影响他人的计算机工作。

（3）不应该到他人的计算机里去窥探。

（4）不应该用计算机去偷窃。

（5）不应该用计算机去做假证明。

（6）不应该复制或利用没有购买的软件。

（7）不应该未经他人许可的情况下使用他人的计算机资源。

（8）不应该剽窃他人的精神作品。

（9）应该注意你正在编写的程序和你正在设计系统的社会效应。

（10）应该始终注意，你使用计算机是在进一步加强你对同胞的理解和尊敬。

本 章 小 结

本章讲述了计算机网络的概述、功能和分类，网络的拓扑结构和IP地址的有关概念；Internet的产生和发展以及Internet所提供的主要服务；Internet的常用接入方式；具体介绍了Internet网上浏览、电子邮件的申请和使用、BBS和网络即时通讯软件的使用等多种Internet应用服务；简单介绍了网络礼仪、网络安全概述、网络安全技术、计算机病毒以及计算机职业道德的有关知识。

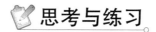 思考与练习

一、思考题

1. 计算机网络有多种分类方法，列举几种不同分类方式以及各自分类。

2. 简述IP地址和DNS服务器的关系。

3. 列举常用的几种Internet接入方式。

4. 简述常见浏览器的分类，并举例。

5. 什么叫作脱机浏览？

6. 简述文件的上传和下载的概念。

7. 常见的访问BBS的方法有哪几种？

8. 简述静态网页与动态网页的区别。

9. 基本的网络礼仪有哪些？

10. 简述计算机病毒的概念。

二、选择题

1. 计算机网络最主要的功能是（　　）。

　　A. 信息共享和分布式处理　　　　　　　　B. 资源共享和信息交换

　　C. 分布式处理和均衡负载　　　　　　　　D. 信息交换和均衡负载

2. （　　）是将较小地理区域内的计算机或数据终端设备连接在一起的通信网络。它常用于组建一个企业、校园、楼宇和办公室内的计算机网络。

　　A. 局域网　　　　　B. 城域网　　　　　C. 广域网　　　　　D. 因特网

3. IPv6 地址由（　　）位二进制数组成。

　　A. 16　　　　　　　B. 32　　　　　　　C. 64　　　　　　　D. 128

4. 有关 Internet，下列说法不正确的是（　　）。

　　A. Internet 是全球性的国际网络　　　　　B. Internet 起源于美国

　　C. 通过 Internet 可以实现资源共享　　　　D. Internet 不存在网络安全问题

5. TCP/IP 协议是 Internet 中计算机之间通信所必须共同遵循的一种（　　）。

　　A. 信息资源　　　　B. 通信规定　　　　C. 软件　　　　　　D. 通信线路

6. 中国的顶级域名是（　　）。

　　A. cn　　　　　　　B. ch　　　　　　　C. chn　　　　　　D. china

7. 用于解析域名的协议是（　　）。

　　A. HTTP　　　　　B. DNS　　　　　　C. FTP　　　　　　D. TCP

8. FTTH 表示（　　）。

　　A. 光纤到户　　　　B. 光纤到路边　　　C. 光纤到大楼　　　D. 光纤到小区

9. 申请免费电子信箱一般是（　　）。

　　A. 写信申请　　　　B. 电话申请　　　　C. 电子邮件申请　　D. 在线注册申请

10. 在 Internet 中，一般有匿名登录的是（　　）。

　　A. 网络电话　　　　B. FTP　　　　　　C. E-mail　　　　　D. DNS

11. 以下选项中，不属于浏览器的选项是（　　）。

　　A. IE11.0　　　　　　　　　　　　　　　B. 360 浏览器

　　C. Microsoft Edge 8.0　　　　　　　　　D. 支付宝

12. 用 E-Mail 发送信件时须知道对方的地址，下列选项中（　　）是合法、完整的 E-mail 地址。

　　A. zjtvu. edu. cn@userl　　　　　　　　　B. userl@ zjtvu. edu. cn

　　C. userl. zjtvu. edu. cn　　　　　　　　　D. userl$zjtvu. edu. cn

13. 在 Internet 中，更改主页的位置是（　　）。

　　A. 文件菜单　　　　　　　　　　　　　　B. 地址栏

　　C. "工具"菜单中的"Internet 选项"　　　　D. 收藏夹

14. 用户在网上最常用的一类查询工具叫( )。

    A. ISP   B. 搜索引擎   C. 网络加速器   D. 离线浏览器

15. 有关计算机病毒说明错误的是( )。

    A. 计算机病毒是一组计算机指令   B. 计算机病毒会破坏软件资源

    C. 计算机病毒具有传染性   D. 计算机病毒不会破坏硬件资源

三、判断题(对的打"√",错的打"×")

1. 传输介质按其特征可分为有线传输介质和无线传输介质两大类。   ( )

2. 在 Internet 中,两台或多台主机也能共用一个 IP 地址。   ( )

3. TCP/IP 只包括传输控制协议(TCP)和网际协议(IP)两个协议。   ( )

4. 将数字信号转换为模拟信号称为解调。   ( )

5. 电子邮件都是免费的,没有付费要求的。   ( )

6. 目前,搜索引擎很多,但是还没有 FTP 类的搜索引擎。   ( )

7. "下载"文件就是将本地计算机中的文件拷贝到远程服务器上。   ( )

8. 防火墙技术是通过对网络的隔离和限制访问等方法来控制网络的访问权限,从而保护网络资源。   ( )

参考文献

［1］ 郑纬民.计算机应用基础(本科)［M］.北京:国家开放大学出版社,2019.

［2］ 郑纬民,刘小星.计算机应用基础——Windows 10操作系统［M］.北京:国家开放大学出版社,2018.

［3］ 刘小星.计算机应用基础——Word 2016文字处理系统［M］.北京:国家开放大学出版社,2018.

［4］ 齐幼菊,朱嵬,曹晓丽.计算机应用基础——Excel 2016电子表格系统［M］.北京:国家开放大学出版社,2018.

［5］ 王然.计算机应用基础——PowerPoint电子演示文稿系统［M］.北京:国家开放大学出版社,2018.

［6］ 龚祥国.大学信息技术应用基础(Windows 7/Office 2010)［M］.杭州:浙江科学技术出版社,2014.

［7］ 齐幼菊.大学信息技术应用基础实践教程(Windows 7/Office 2010)［M］.杭州:浙江科学技术出版社,2014.

［8］ 恒盛杰资讯.Excel 2016高效办公实战应用与技巧大全666招［M］.北京:机械工业出版社,2018.

［9］ 齐艳珂.新手学PPT 2016［M］.北京:北京大学出版社,2017.

［10］ 凤凰高新教育.Office 2016完全自学教程［M］.北京:北京大学出版社,2017.

［11］ 郭海行.电脑入门傻瓜书(Windows10+Office 2016)［M］.北京:中国铁道出版社,2016.